普通高等教育公共基础类系列教材

大学生计算机应用基础

（第3版）

主　编　张娓娓　李彩红　赵金龙
副主编　宫丽娜　边　倩　曹　强　王　倩
主　审　张卫钢

U0234346

北京理工大学出版社
BEIJING INSTITUTE OF TECHNOLOGY PRESS

内 容 简 介

本书以提高学生对计算机基本知识和操作技能的掌握能力以及对办公自动化软件使用的熟练程度为主要目的，基于 Windows 7 + Office 2016 环境，采用面向项目的过程教学方法，结合一线教学经验编写而成。本书围绕"计算机基础知识""导入多段落文档排版""唐诗排版""自选图形绘制""个人简历表制作""海报制作""论文排版""学生成绩信息表制作""学生成绩统计表制作""员工工资表制作""销售统计分析""论文答辩幻灯片制作""主题动画制作""计算机网络基础知识"等 14 个项目，用项目目标、项目内容、方案设计、任务实现、知识拓展、技能训练六段教学法展开全书教学过程，为教师和学生提供一条高质量完成"教""学""做"三大教学任务的新途径。

本书专为应用型普通高等院校计算机应用基础课编写，也可作为需要掌握计算机基本知识和办公自动化技能的读者的学习参考书。

图书在版编目（CIP）数据

大学生计算机应用基础 / 张娓娓，李彩红，赵金龙主编. —3 版. —北京：北京理工大学出版社，2020.7（2023.8重印）

ISBN 978 - 7 - 5682 - 8681 - 7

Ⅰ.①大…　Ⅱ.①张…②李…③赵…　Ⅲ.①电子计算机 - 高等学校 - 教材　Ⅳ.①TP3

中国版本图书馆 CIP 数据核字（2020）第 117455 号

出版发行 / 北京理工大学出版社有限责任公司

社　　址 / 北京市海淀区中关村南大街 5 号

邮　　编 / 100081

电　　话 / （010）68914775（总编室）

　　　　　（010）82562903（教材售后服务热线）

　　　　　（010）68948351（其他图书服务热线）

网　　址 / http：//www. bitpress. com. cn

经　　销 / 全国各地新华书店

印　　刷 / 三河市天利华印刷装订有限公司

开　　本 / 787 毫米 × 1092 毫米　1/16

印　　张 / 17.5　　　　　　　　　　　　　　　责任编辑 / 钟　博

字　　数 / 410 千字　　　　　　　　　　　　　文案编辑 / 钟　博

版　　次 / 2020 年 7 月第 3 版　2023 年 8 月第 2 次印刷　　责任校对 / 周瑞红

定　　价 / 49.00 元　　　　　　　　　　　　　责任印制 / 施胜娟

前　言

本书采用面向项目的过程教学方法，以实际应用问题为背景，由浅入深地设计和组织教学内容，并用图文并茂的形式增强了可读性和可操作性，力求激发学生的学习兴趣，使之能够更快、更好地掌握相关技术。

本书用项目目标、项目内容、方案设计、方案实现、知识拓展、技能训练六段教学法循序渐进地展开教学过程。通过"教""学""做"三大教学任务的实施，使学生完成对计算机基本知识的掌握、基本技能的训练及自我学习能力的培养。本书的内容结构如下图所示：

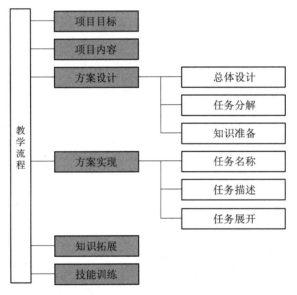

本书选取 14 个项目，用以承载【技能训练】，并覆盖相应的知识点：（1）计算机基础知识；（2）导入多段落文档排版；（3）唐诗排版；（4）自选图形绘制；（5）个人简历表制作；（6）海报制作；（7）论文排版；（8）学生成绩信息表制作；（9）学生成绩统计表制作；（10）员工工资表制作；（11）销售统计分析；（12）论文答辩幻灯片制作；（13）主题动画制作；（14）计算机网络基础知识。

本书由张卫钢教授任主审，张娓娓、李彩红、赵金龙任主编，宫丽娜、边倩、曹强、王倩任副主编。

由于编者学识有限，书中难免存在错误与不妥之处，敬请读者斧正。

编　者

2020.7.1　于白鹿原

目　录

项目一

计算机基础知识

1.1 项目目标

本项目的目标是让读者掌握计算机的基础理论知识、Windows 7 操作系统的基本设置和文档设置，使读者在学习 Office 软件之前，对计算机及其基本操作有所认识，可以应对相关的竞赛、理论考试等。

1.2 项目内容

本项目主要介绍计算机基础知识：计算机的发展和分类、计算机的组成、计算机中信息的表示、操作系统及基本操作、文档管理及基本操作。

1.3 方案设计

1.3.1 总体设计

本项目从计算机的基本发展历程、计算机的软/硬件组成、计算机的信息表示方法、操作系统及基本操作、文档管理及基本操作5个方面进行讲解。

1.3.2 任务分解

本项目可分解为如下5个任务：

任务1——计算机的发展历程；

任务2——计算机的组成；

任务3——计算机中信息的表示及存储方式；

任务4——操作系统的相关知识和基本操作；

任务5——文档管理的相关知识和基本操作。

1.3.3 知识准备

1. 用户账户

用户账户是通知 Windows 用户可以访问哪些文件和文件夹，可以对计算机和个人首选项（如桌面背景或颜色主题）进行哪些更改的信息集合。使用用户账户，可以与若干人共享一台计算机，但仍然有自己的文件和设置。每个人都可以使用用户名和密码访问其用户账户。

账户有3种不同类型：标准、管理员、来宾。每种账户类型为用户提供不同的计算机控制级别。标准账户是日常计算机操作中所使用的账户；管理员账户对计算机拥有最高的控制权限，仅在必要时才使用此账户；来宾账户主要供需要临时访问此计算机的用户使用。

2. 用户账户控制

用户账户控制是微软公司为提高系统安全而在 Windows 7 及以后版本操作系统中使用的一项新技术，它要求用户在执行可能影响计算机运行的操作或执行更改影响其他用户的设置的操作之前，提供权限或管理员密码。通过在这些操作启动前对其进行验证，用户账户控制可以帮助防止恶意软件和间谍软件在未经许可的情况下在计算机上进行安装或对计算机进行更改。对于熟悉计算机的用户来说，默认级别情况下弹出警告窗口的次数可能过于频繁，扰乱了正常的用户体验，甚至引起用户的反感。用户账户控制界面如图 1-1 所示。

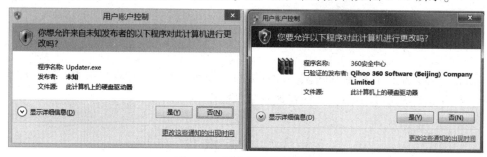

图 1-1　用户账户控制界面

3. Windows 7 中新的"开始"菜单和任务栏

"开始"菜单存放着系统中所有的应用程序，通过"开始"菜单可以对 Windows 7 进行各种操作，如图 1-2 所示。

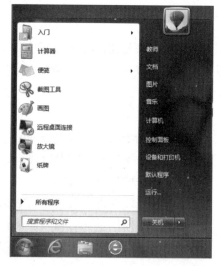

在 Windows 7 中，任务栏（图1-3）上用于启动和切换程序的图标是统一的，并且任务栏上不会显示文字说明。之前版本 Windows 中的快速启动栏在 Windows 7 中已不存在。任务栏右侧通知区域的矩形按钮为显示桌面按钮。

4. Windows Defender

Windows Defender 是 Windows 7 附带的一款反间谍软件，在 Windows 7 启动后会自动运行。使用 Windows Defender 可保护计算机免受间谍软件的侵扰。需要注

图 1-2　"开始"菜单

意的是，和杀毒软件类似，使用 Windows Defender 时，保持定期更新非常重要。Windows Defender 用户界面如图 1-4 所示。

图1-3　任务栏

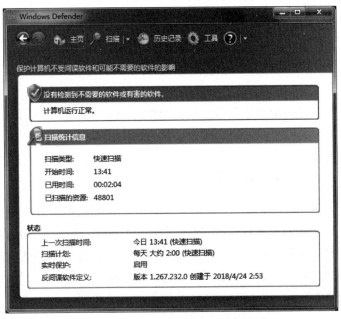

图1-4　Windows Defender 用户界面

5. 文件和文件夹

文件就是计算机中数据的存在形式，可以是文字、图片、声音、视频等多种类型，其外观由图标、文件名和扩展名组成。

文件夹是计算机保存和管理文件的一种方式，也可称为目录，文件夹既可以包含文件，也可以包含其他文件夹。

6. 复制、移动、删除和重命名

（1）复制是将选定的对象（文件或者文件夹）从原位置复制到新位置，也可以复制到同一位置，复制完成后原文件或原文件夹保持不变。

（2）移动是将选定的对象（文件或者文件夹）从原位置移动到新位置，移动完成后原文件或原文件夹消失。

（3）删除是将选定的对象（文件或者文件夹）从磁盘中删除。

（4）重命名是将选定的对象（文件或者文件夹）的名字重新命名为新名字。

7. 剪贴板

剪贴板是内容中的一块空间，它是 Windows 操作系统实现信息传送和共享的一种手段。剪贴板中的信息不仅可以用于同一个应用程序的不同文档之间，也可以用于不同的应用程序之间。

8. 快捷方式

快捷方式是原文件或外部设备的一个映像文件，它提供了访问捷径。在操作时，实际上是通过访问快捷方式访问它所对应的文件或外部设备。

9. 压缩、解压缩

为了减小文件或者文件夹所占磁盘空间，可以使用专门的压缩软件对其进行压缩。为了减小文件体积，缩短用户下载所需时间，互联网上的很多资源均是以压缩文件形式提供下载的，对于此类文件在使用前需要进行解压缩操作，最常用的压缩/解压缩软件为WinRAR。

10. 共享文件夹

共享文件夹是指某个计算机和其他计算机间相互分享的文件夹，在网络中根据共享权限可以对共享文件夹中的文件进行查看、修改、删除等操作。需要注意的是，文件不能直接进行共享，可以将需要共享的文件放入一个文件夹中通过共享该文件夹实现文件的共享。

11. Windows 7 中新的资源管理器

Windows 7 中新的资源管理器（图1-5）的地址栏，无论是易用性还是功能性都比之前的版本更加强大。通过新的资源管理器的地址栏，可以获取当前目录的路径结构、名称，实现目录的跳转或者跨越跳转操作；在新的资源管理器的地址栏右侧增加了搜索栏，通过它用户可以很方便地随时进行文件查找；在新的资源管理器中没有菜单栏，取而代之的是全新的工具栏，常用的命令都可以通过工具栏组织按钮下的菜单找到。

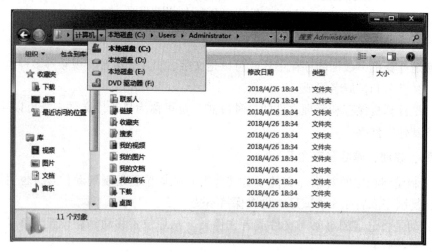

图1-5 Windows 7 中新的资源管理器

1.4 方案实现

1.4.1 任务1——计算机的发展历程

1. 任务描述

了解计算机的诞生与发展、计算机的分类、计算机的应用等。

2. 任务展开

1）计算机的诞生及发展

1946年2月，世界上第一台计算机ENIAC（埃尼阿克）在美国加利福尼亚州问世。ENIAC使用了17 468个电子管、1 500个继电器，体积为3 000 ft³（1 m³ = 35.346 ft³），占地170 m²，重30 t，耗电174 kW。其内存为17 KB，字长12位，每秒可进行5 000多次加法运算、300多次乘法运算，比当时最快的计算工具快300倍，耗资40万美元。在当时用它来处理弹道问题，将人工计算时间20小时缩短到30秒。但是ENIAC有一个严重的问题，即它不能存储程序。

几乎在同一时期，著名数学家冯·诺依曼提出了"存储程序"和"程序控制"的概念。其主要思想为：

（1）采用二进制形式表示数据和指令；

（2）计算机应包括运算器、控制器、存储器、输入和输出设备五大基本部件；

（3）采用存储程序和程序控制的工作方式。

所谓存储程序，就是把程序和处理问题所需的数据均以二进制编码形式预先按一定顺序存放到计算机的存储器里。计算机运行时，中央处理器依次从内存储器中逐条取出指令，按指令规定执行一系列的基本操作，最后完成一个复杂的工作。这一切工作都是由一个担任指挥工作的控制器和一个执行运算工作的运算器共同完成的，这就是存储程序和程序控制的工作原理。

冯·诺依曼的上述思想奠定了现代计算机设计的基础，所以后来人们将采用这种设计思想的计算机称为冯·诺依曼型计算机。从1946年第一台计算机诞生至今，计算机的设计和制造技术有了极大的发展，但如今绝大多数计算机的工作原理和基本结构仍然遵循冯·诺依曼的思想。

基于所使用元器件的不同，计算机的发展经历了5个时代，如表1 – 1所示。

表1 – 1　计算机的发展

代际	日期	逻辑元件	主存	辅存	速度（次/秒）	软件	代表产品
第一代	1946—1957	电子管	水银延迟线磁鼓	磁带	5千~4万	机器语言、汇编语言	UNIVAC
第二代	1958—1964	晶体管	磁芯	磁带、磁盘	几十万~几百万	高级语言、管理程序	IBM7000、UNIVACII
第三代	1965—1970	中小集成电路	半导体存储器	磁盘	几百万~几千万	操作系统诊断程序	IBM System/360
第四代	1971—现在	超大规模集成电路	半导体存储器	磁盘、光盘	上亿	固件、网络、数据库	—
第五代	智能计算机	能听、说、看，有思维能力的新一代的计算机称为智能计算机					

2）计算机的分类

计算机按工作原理可分为：模拟电子计算机、数字电子计算机、模拟数字混合计算机；

按功能可分为：专用计算机和通用计算机；按工作模式可分为：工作站和服务器；按规模可分为：巨型计算机、大型计算机、中型计算机、小型计算机和微型计算机。

3）计算机的应用

（1）科学计算；

（2）数据处理；

（3）自动控制；

（4）计算机辅助系统；

（5）人工智能；

（6）多媒体应用；

（7）计算机网络。

1.4.2 任务2——计算机的组成

1. 任务描述

了解计算机的软、硬件组成。

2. 任务展开

现代计算机系统由硬件和软件两大部分组成。硬件是指直观的机器部分，以台式计算机为例，它包括主机、显示器、键盘和鼠标等设备；软件是相对于硬件而言的，是指为计算机运行工作服务的各种程序、数据及相关资料。

计算机硬件和软件相辅相成，缺一不可。没有软件的计算机就像一具僵硬的躯壳，无法做任何事情；同样，如果没有硬件的支持，软件将无处安身且无用武之地。计算机系统如图1-6所示。

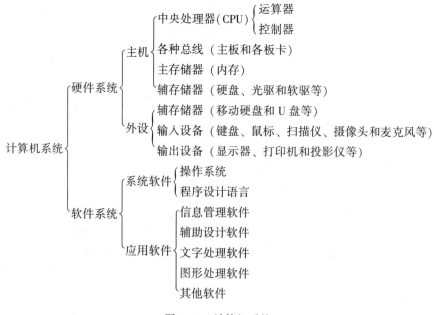

图1-6 计算机系统

1）硬件系统

（1）运算器。

运算器又称算术逻辑单元（Arithmetic Logic Unit，ALU），是计算机对数据进行加工处理的部件，也就是对二进制数码进行加、减、乘、除等算术运算，或进行与、或、非等基本逻辑运算，从而实现逻辑判断。运算器是在控制器的控制下实现算术、逻辑运算功能，运算结果由控制器送到内存中。

（2）控制器。

控制器是计算机的指挥和控制中心。它负责从内存中取出指令，确定指令类型，并对指令进行译码，按时间的先后顺序，向计算机的各个部件发出控制信号，使整个计算机系统的各个部件协调一致地工作，从而一步一步地完成各种操作。

控制器主要由指令寄存器、指令译码器、程序计数器、时序部件、操作控制部件等组成。

（3）存储器。

存储器是计算机存储数据的部件，用于保存程序、数据以及运算的结果。存储器包括数据寄存器和地址寄存器。数据寄存器用于暂存操作数和运算结果，地址寄存器用于存放需要访问的存储单元的地址。

（4）输入设备。

输入设备负责把用户命令，包括程序和数据输入到计算机中，是人与计算机对话的重要工具。文字、图形、声音、图像等信息都要通过输入设备才能被计算机接收。常见的输入设备有键盘、鼠标、扫描仪、数码相机等。

（5）输出设备。

输出设备是将计算机运算或处理的结果转换成用户所需要的各种形式输出。常见的输出设备有显示器、打印机等。

主机是硬件系统的核心，在主机箱的前、后面板上通常会配置一些设备接口、按键和指示灯等。主机的内部包含主板、CPU、内存、显卡、电源、硬盘、光驱等部件，它们共同决定了计算机的性能。各硬件如图 1 – 7 ~ 图 1 – 10 所示。

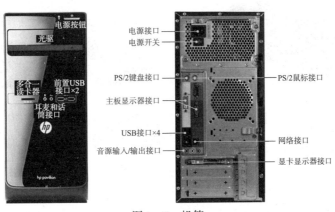

图 1 – 7　机箱

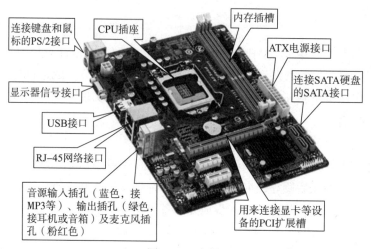

图1-8 主板

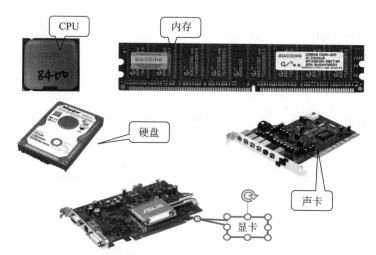

图1-9 部分内置硬件

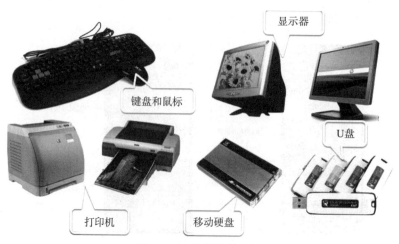

图1-10 部分外接硬件

2）软件系统

软件是指为计算机运行工作服务的各种程序代码、数据、算法及相关资料。软件是计算机的灵魂，是计算机具体功能的体现，要让计算机为人们工作，必须在计算机中安装相应的软件。一台没有安装软件的计算机无法完成任何有实际意义的工作。

软件主要分为系统软件和应用软件两大类。

（1）系统软件。

系统软件是管理、监控和维护计算机资源，使计算机能够正常工作的程序及相关数据的集合，它包括操作系统（Operating System，OS）、数据库管理系统（Database Management System，DBMS）和程序设计语言等。

①操作系统：是控制和管理计算机的平台，计算机需要安装操作系统才能工作。常见的操作系统有 Windows 和 UNIX 等。其中，Windows 是主流的操作系统，包括 Windows 2000、Windows XP、Windows 2003、Windows 2008、Windows 7 和 Windows10 等。

②数据库管理系统：是用户建立、使用和维护数据库的软件。目前，常用的数据库管理系统有 Oracle、SQL Server 等。

③程序设计语言：是用来编制各种程序所使用的计算机语言，它包括机器语言、汇编语言及高级语言等。例如 C ＋＋，C#，Java 等都是高级语言。

（2）应用软件。

应用软件运行在操作系统之上，是为了解决用户的各种实际问题而编制的程序及相关资源的集合，如办公软件 Office、图像处理软件 Photoshop、动画制作软件 Flash 等。

1.4.3　任务3——计算机中信息的表示及存储方式

1. 任务描述

掌握计算机中信息的表示及存储方式。

2. 任务展开

1）计算机中使用的数制

（1）常用数制。

数制是以表示数值所用的数字符号的个数来命名的，并按一定进位规则进行计数的方法。数制所用的数字符号的个数称为数制的基，数制中每一个数值所具有的值（R^k）称为数制的位权。对于 R 进制数，有数字符号 0，1，2，…，R−1，共 R 个，基数是 R，k 是指数。进位规则是逢 R 进 1。表 1−2 所示为常见数制。

表 1−2　常见数制

数制	十进制	二进制	八进制	十六进制
数字符号	0，1，2，…，9	0，1	0，1，2，…，7	0，1，…，9，A，B，C，D，E，F
规则	逢十进一	逢二进一	逢八进一	逢十六进一

续表

数制	十进制	二进制	八进制	十六进制
基数 R	10	2	8	16
位权	10^i	2^i	8^i	16^i
表示形式	D	B	Q 或 O	H

（2）数制转换。

无论使用哪一种数制，数值的表示都包含两个基本要素：基数和位权。

基数是一个数制允许选用的数字符号的个数，一般而言，R 进制数的基数为 R，可供选用的数字符号有 R 个，分别为 0～R−1，每个数位计满 R 就向其高位进 1，即"逢 R 进一"。

位权简称"权"，是指一个数制中，各位数字符号所表示的数值等于该数字符号值乘以一个与该数字符号所处位置有关的常数。位权的大小是以基数为底，数字符号所处位置的序号为指数的整数次幂。各数字符号所处位置的序号计法为：以小数点为基准，整数部分自右向左依次为 0，1…递增，小数部分自左向右依次为 −1，−2…递减。

①二进制转换为十进制。

按权展开后，相加即可。

例 1−1 $(1101.011)_2 = 1 \times 2^3 + 1 \times 2^2 + 0 \times 2^1 + 1 \times 2^0 + 0 \times 2^{-1} + 1 \times 2^{-2} + 1 \times 2^{-3} = (13.375)_{10}$

②十进制转换为二进制。

整数部分：采用除 2 取余法，且除到商为 0 为止；按从下往上顺序排列余数即可得到结果。先取余数低位，后取余数高位。

小数部分：采用乘 2 取整法，直到小数部分为 0 或达到所要求精度为止（小数部分可能永远不会为 0），最先得到的整数排在最高位。

例 1−2 $(303)_{10} = (\quad)_2$

解答如图 1−11 所示。

例 1−3 $(0.687\ 5)_{10} = (\quad)_2$

解答如图 1−12 所示。

③二、八、十六进制之间的相互转换。

由于二、八、十六进制之间存在这样一种关系——$2^3 = 8$，$2^4 = 16$，所以，每位八进制数相当于 3 位二进制数，每位十六进制数相当于 4 位二进制数，在转换时，位组划分是以小数点为中心向左、右两边延伸，中间的 0 不能省略，两头位数不足时可补 0，如表 1−3 所示。

$$
\begin{array}{r}
2\,\underline{)\,303} \quad \cdots\cdots 1=a_0 \\
2\,\underline{)\,151} \quad \cdots\cdots 1=a_1 \\
2\,\underline{)\,75} \quad \cdots\cdots 1=a_2 \\
2\,\underline{)\,37} \quad \cdots\cdots 1=a_3 \\
2\,\underline{)\,18} \quad \cdots\cdots 0=a_4 \\
2\,\underline{)\,9} \quad \cdots\cdots 1=a_5 \\
2\,\underline{)\,4} \quad \cdots\cdots 0=a_6 \\
2\,\underline{)\,2} \quad \cdots\cdots 0=a_7 \\
2\,\underline{)\,1} \quad \cdots\cdots 1=a_8 \\
0
\end{array}
$$

$0.687\,5 \times 2=1.375$	$a_{-1}=1$
$0.375 \times 2=0.75$	$a_{-2}=0$
$0.75 \times 2=1.5$	$a_{-3}=1$
$0.5 \times 2=1.0$	$a_{-4}=1$

$(303)_{10}=(100101111)_2$ $\qquad$ $(0.687\,5)_{10}=(0.1011)_2$

图 1-11 例 1-2 解答 $\qquad\qquad$ 图 1-12 例 1-3 解答

表 1-3 十进制、二进制、八进制、十六进制对应表

十进制	二进制	八进制	十六进制	十进制	二进制	八进制	十六进制
0	0	0	0	9	1001	11	9
1	1	1	1	10	1010	12	A
2	10	2	2	11	1011	13	B
3	11	3	3	12	1100	14	C
4	100	4	4	13	1101	15	D
5	101	5	5	14	1110	16	E
6	110	6	6	15	1111	17	F
7	111	7	7	16	10000	20	10
8	1000	10	8	17	10001	21	11

2）字符编码

（1）ASCII 码

字符是计算机中使用最多的信息形式之一，在计算机中，要为每个字符指定一个确定的二进制编码，作为识别与使用这些字符的依据。字符编码就是规定用二进制数表示文字和符号的方法。在西文领域，目前普遍采用的字符编码是 ASCII 码（美国标准信息交换码），其有 7 位版本和 8 位版本两种。

目前，国际上通用的且使用最广泛的字符有：十进制数字符号 0～9，大、小写的英文字母，各种运算符、标点符号等，这些字符的个数不超过 128 个。由于需要编码的字符不超过 128 个，因此，用 7 位二进制数就可以对这些字符进行编码。7 位 ASCII 码也称为标准 ASCII 码，如表 1-4 所示。

ASCII 码是唯一的，没有两个字符的 ASCII 码值是一样的。7 位 ASCII 码的常用码值如下：

32～126 号（共 95 个）是字符（32 号是空格），其中 48～57 号为 0～9 十个阿拉伯数字，65～90 号为 26 个大写英文字母，97～122 号为 26 个小写英文字母。

表 1-4　7 位 ASCII 码

字符 $B_3B_2B_1B_0$ \\ $B_6B_5B_4$	000	001	010	011	100	101	110	111
0000	NUL	DLE	空格	0	@	P	、	p
0001	SOH	DC1	!	1	A	Q	a	q
0010	STX	DC2	"	2	B	R	b	r
0011	ETX	DC3	#	3	C	S	c	s
0100	EOT	DC4	$	4	D	T	d	t
0101	ENQ	NAK	%	5	E	U	e	u
0110	ACK	SYN	&	6	F	V	f	v
0111	BEL	ETB	'	7	G	W	g	w
1000	BS	CAN	(	8	H	X	h	x
1001	HT	EM	)	9	I	Y	i	y
1010	LF	SUB	*	:	J	Z	j	z
1011	VT	ESC	+	;	K	[	k	{
1100	FF	FS	,	<	L	\	l	|
1101	CR	GS	-	=	M	]	m	}
1110	SO	RS	.	>	N	^	n	~
1111	SI	US	/	?	O	_	o	DEL

8 位 ASCII 码是指一个字符用 8 位二进制数来表示，可表示 256 个字符（0～255）。

（2）汉字编码。

每个国家使用计算机都要处理本国语言。1980 年我国颁布了《信息交换用汉字编码字符集－基本集》，即国家标准 GB 2312—1980。其共收集汉字 6 763 个，分为两级。第一级 3 755 个汉字，属常用汉字，按汉字拼音字母顺序排列。第二级 3 008 个汉字，属次常用汉字，按部首排列。

1995 年我国又颁布了《汉字编码扩展规范》（GBK）。GBK 与 GB 2312—1980 国家标准所对应的内码标准兼容，同时在字汇一级支持 ISO/IEC 10646—1 和 GB 13000—1 的全部中、日、韩（CJK）汉字，共计 20 902 字。

①汉字外部码。

汉字外部码又称汉字输入码，是指从键盘上输入汉字时采用的编码。目前广泛使用的汉字输入码有很多种。

a. 以汉字读音为基础的拼音码，如全拼输入法、双拼输入法、词汇输入法、智能 ABC 输入法等；

b. 以汉字字形为基础的字形码，如五笔字型输入法；

c. 音形码，综合拼音码和字型码的特点，如自然码等；

d. 数字码，如区位码、电报码、内码等。

不同的汉字输入方法有不同的外码，但内码只能有一个。好的输入方法应具有规则简单、操作方便、容易记忆、重码率低、速度快等特点。

②汉字国标码。

GB 2312—1980 编码简称国标码。由于汉字数量大，无法用一个字节进行编码，因此使用两个字节对汉字进行编码。规定两个字节的最高位用来区分 ASCII 码。这样国标码用两个字节的低 7 位对汉字进行编码。

③汉字字形码。

汉字字形码又称汉字字模，用于汉字的输出。汉字的字形通常采用点阵的方式产生。汉字点阵有 16×16 点阵、32×32 点阵、64×64 点阵，点阵不同，汉字字形码的长度也不同。点阵数越大，字形质量越高，汉字字形码占用的字节数越多。

3）计算机中数据的存储单位

（1）位（bit）：用字符"b"表示，是计算机中存储数据的最小单位。一个二进制数（0 或 1）为 1 位。

（2）字节（byte）：1 个字节等于 8 个二进制位，通常用字符"B"表示。字节是数据处理和存储的基本单位，如一个英文字母占一个字节，一个汉字占两个字节。

此外，计算机中还经常使用字符 KB、MB、GB 或 TB 表示存储设备的容量或文件的大小，它们之间的换算关系如下：

1 B = 8 b

1 KB = 1 024 B

1 MB = 1 024 KB = 1 024×1 024 B

1 GB = 1 024 MB = 1 024×1 024×1 024 B

1 TB = 1 024 GB = 1 024×1 024×1 024×1 024 B

1.4.4　任务 4——操作系统的相关知识和基本操作

1. 任务描述

对操作系统的发展有所了解，掌握操作系统的基本应用。

2. 任务展开

1）操作系统介绍

Windows 操作系统由美国微软公司开发，有多个版本，目前使用较为广泛的有 Windows XP、Windows 2003、Windows 7 和 Windows 10 等。

（1）Windows XP：这是 Windows 7 之前最常用的个人计算机操作系统，其界面友好，对计算机配置的要求低。目前，Windows XP 已被 Windows 7 和 Windows 10 取代。

（2）Windows 7/10：Windows 7 是在 Windows XP 之后开发的个人计算机操作系统，相比 Windows XP，其界面更加华丽、操作更加容易、运行速度更快和更稳定、支持的软硬件更多、功能更加强大。Windows10 是 Windows 7 的升级版。

Windows 2000/2003/2008/2012：这几个版本的 Windows 操作系统为网络操作系统，它们主要用来管理网络和扮演网络服务器的角色，个人计算机一般很少安装。

2）Windows 7 基本操作

（1）创建新账户。

①单击"开始"菜单，选择"控制面板"选项，弹出"控制面板"界面，如图 1-13 所示。

图 1-13　"控制面板"界面

②单击"用户账户和家庭安全"→"添加和删除用户账户"链接，弹出"管理账户"界面，如图 1-14 所示。

图 1-14　"管理账户"界面

③在"管理账户"界面中，单击"创建一个新账户"链接，弹出"创建新账户"界面，如图 1-15 所示。

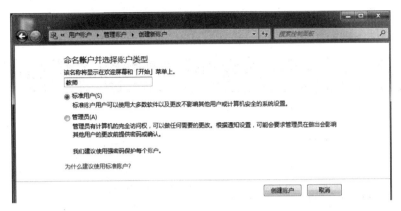

图 1 - 15　"创建新账户"界面

④在文本框中输入"教师"，在下面的账户类型列表中，选择"标准用户"选项，单击"创建账户"按钮，账户创建成功，如图 1 - 16 所示。

图 1 - 16　创建账户成功

⑤单击"教师"账户，在弹出的界面中选择"更改图片"选项，如图 1 - 17 所示，选择自己喜欢的图标，单击"更改图片"按钮，账户图标更改成功。

图 1 - 17　更改账户图标

⑥单击"教师"账户，在弹出的界面中选择"创建密码"选项，输入密码，为防止遗忘密码，再输入一个密码提示，单击"创建密码"按钮，完成密码设置，如图1-18所示。

图1-18　创建密码

⑦单击"开始"菜单，单击"关机"按钮旁边的三角按钮，在弹出的菜单中选择"注销"命令，如图1-19所示。出现登录界面后选择"教师"用户，输入密码，登录操作系统。

图1-19　注销

（2）设置桌面背景。

①单击"更改桌面背景"链接，弹出"桌面背景"界面，如图1-20所示。

②在图片列表中选择一幅或多幅自己喜欢的图像，单击"保存修改"按钮，完成设置。当同时选择多幅图像时可以设置更改图片时间间隔的值，到达指定时间后Windows 7会自动切换下一幅图像。在桌面空白处单击鼠标右键，选择"个性化"选项，在个性化窗口中还可以设置主题、颜色等信息。

3）设置"开始"菜单和任务栏

①将鼠标指向"任务栏"，用鼠标右键单击任务栏，弹出快捷菜单，选择"属性"选项，打开"任务栏和「开始」菜单属性"对话框，选择"任务栏"选项卡，如图1-21所示，在"任务栏外观"组框中有多个复选框及其设置效果。其中每个复选框的含义如下：

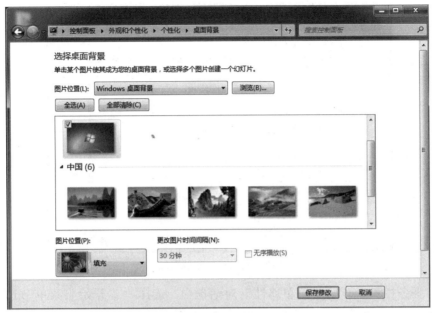

图 1-20 "桌面背景"界面

图 1-21 "任务栏和「开始」菜单属性"对话框

"锁定任务栏（L）"复选框：勾选该复选框，任务栏的大小和位置将固定不变，用户不能对其调整，通过鼠标或快捷键 L 进行设置。

"自动隐藏任务栏（U）"复选框：勾选该复选框，任务栏被隐藏起来，只有将鼠标光标靠近任务栏时，任务栏才会显示出来，通过鼠标或快捷键 U 进行设置。

"使用小图标（I）"复选框：勾选该复选框，任务栏中表示程序和窗口的图标使用小图标样式。

对于通知区域中的图标，可以单击"自定义"按钮设置每个具体对象的显示行为，如可以通过选择"显示图标和通知"选项将某些图标设置为在任务栏通知区域永远可见，如图 1-22 所示。

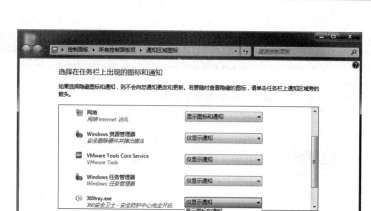

图1-22 通知区域图标

②在"任务栏和「开始」菜单属性"对话框中，选择"「开始」菜单"选项卡，如图1-23所示，通过单击"自定义"按钮可详细设置。

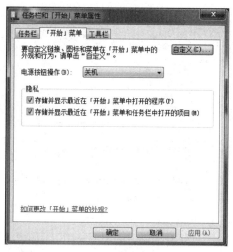

图1-23 "「开始」菜单"选项卡

1.4.5 任务5——文档管理的相关知识和基本操作

1. 任务描述

通过 Windows 7 系统提供的资源管理器对文件及文件夹进行管理，在资源管理器下创建"学习资料"文件夹，实现对文件夹和文件的操作。

2. 任务展开

1）基本知识

有关文件和文件夹，复制、移动、删除和重命名，剪贴板，快捷方式，压缩、解压缩，共享文件夹，Windows 7 中新的资源管理器的知识见本项目的"知识准备"。

2）基本操作

（1）创建文件夹并重命名。

①单击"开始"菜单中的"计算机"选项，打开资源管理器，然后双击右侧的"本地磁盘（D:）"图标，打开 D 盘文件夹，单击资源管理器工具栏上的"新建文件夹"按钮，即可新建一个文件夹，在新建文件夹的名称文本框中输入"学习资料"，按回车键完成创建，双击打开刚刚建立的"学习资料"文件夹，单击资源管理器工具栏上的"新建文件夹"按钮依次创建"大学物理""大学英语""大学语文"等文件夹，如图 1 – 24 所示。

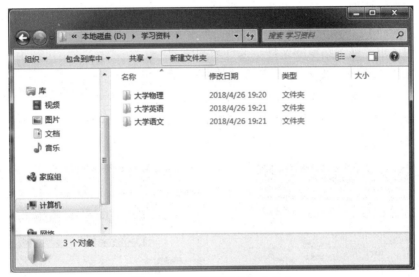

图 1 – 24　"学习资料"文件夹

②在资源管理器中双击打开刚刚建立的"大学英语"文件夹，在资源管理器的空白处单击鼠标右键选择"新建（W）"→"文本文档"命令，将新建的文件重命名为"习题"，如图 1 – 25 所示。

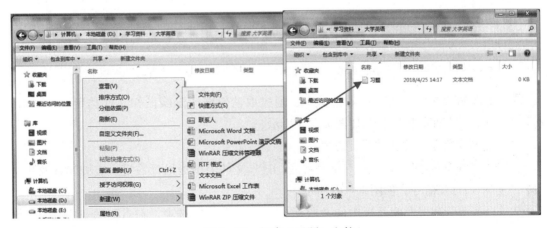

图 1 – 25　新建"习题"文件

（2）查看"学习资料"文件夹中的文件夹和文件。

①用鼠标右键单击"大学英语"文件夹，在弹出的快捷菜单中选择"属性"选项，打

开文件夹属性对话框，如图1-26所示，通过该对话框可以查看此文件夹所占磁盘空间、包含文件及子文件夹数量和创建时间等信息。在文件夹属性对话框中勾选"隐藏"复选框，单击"确定"按钮，刷新后，右侧窗口中的"大学英语"文件夹消失。

②要查看隐藏的"大学英语"文件夹，单击资源管理器工具栏上的"组织"按钮，在弹出的菜单中选择"文件夹和搜索选项"选项，如图1-27所示，在弹出的对话框中选择"查看"选项卡，在"高级设置"列表框中选中"显示隐藏的文件、文件夹和驱动器"单选按钮，如图1-28所示，单击"确定"按钮，刷新窗口，即可显示"大学英语"文件夹。接下来取消"大学英语"文件夹的"隐藏"属性，过程参考设置"隐藏"属性操作。

图1-26　文件夹属性对话框

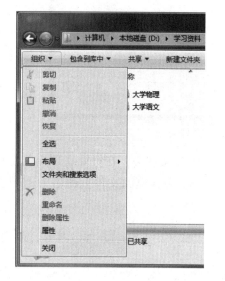

图1-27　"组织"选项的菜单

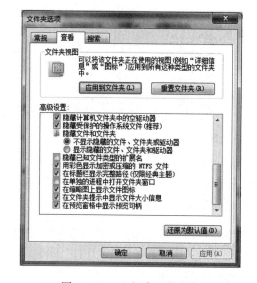

图1-28　"查看"选项卡

③在上面的"文件夹选项"对话框中，通过取消勾选"隐藏已知文件类型的扩展名"复选框可以显示文件的扩展名，如图1-29所示。

（3）复制文件及创建文件快捷方式。

①打开"大学英语"文件夹，在"习题.txt"文件上单击鼠标右键，在弹出的菜单中选择"复制（C）"命令，如图1-30所示。

②选择资源管理器左侧面板中的"收藏夹"→"桌面"选项，在右侧的空白处单击鼠标右键，在弹出的菜单中选择"粘贴（P）"命令，如图1-31所示，桌面上就会出现"习题"文件。

图 1 - 29 显示文件的扩展名

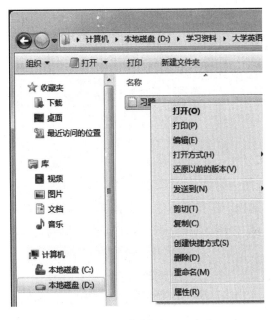

图 1 - 30 "复制 (C)"命令

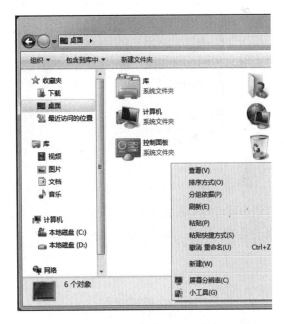

图 1 - 31 "粘贴 (P)"命令

③通过资源管理器的地址栏切换到 D 盘，在"学习资料"文件夹上单击鼠标右键，在弹出的菜单中选择"发送到 (N)"→"桌面快捷方式"命令，快捷方式创建完成，如图 1 - 32 所示。

(4) 压缩、解压缩文件夹。

①在"学习资料"文件夹上单击鼠标右键，选择"添加到'学习资料.rar'(T)"命令，得到压缩后的"学习资料.rar"文件，如图 1 - 33 所示。

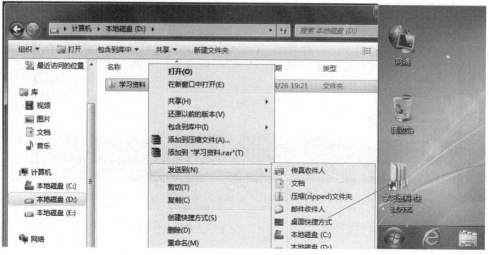

图1-32　创建快捷方式

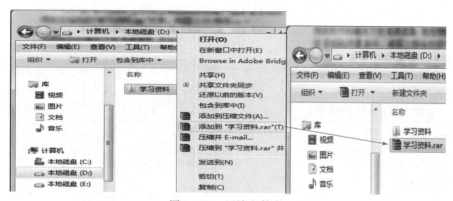

图1-33　压缩文件夹

②在"学习资料.rar"文件上单击鼠标右键，选择"剪切（T）"命令，如图1-34所示。选择资源管理器左侧面板中的"收藏夹"→"桌面"选项，在右侧的空白处单击鼠标右键，在弹出的菜单中选择"粘贴（P）"命令，如图1-35所示，"学习资料.rar"文件被移动到桌面。

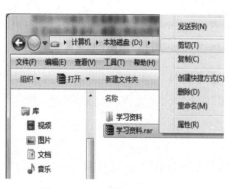

图1-34　"剪切（C）"命令

图1-35　"粘贴（P）"命令

③在"学习资料.rar"文件上单击鼠标右键，选择"解压到当前文件夹（X）"命令，得到解压后的"学习资料"文件夹，如图 1-36 所示。

图 1-36　解压缩文件夹

1.5　知识拓展

1.5.1　Windows 7 系统设置

（1）单击"开始"按钮，打开"开始"菜单，在右侧的"计算机"选项上单击鼠标右键，在弹出的菜单中选择"属性"选项，如图 1-37 所示。

图 1-37　"开始"菜单

（2）在弹出的"系统"界面中可以看到当前的计算机名称和工作组名称，单击右侧的"更改设置"链接，如图1-38所示。

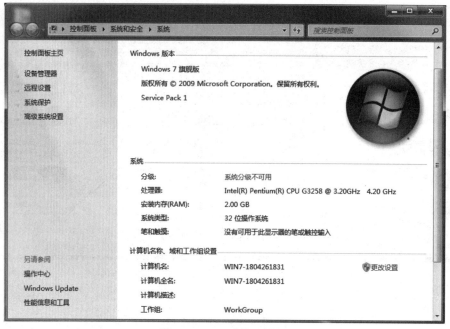

图1-38　"系统"界面

（3）在弹出的"系统属性"对话框中单击"更改（C）"按钮，如图1-39所示。

（4）在弹出的"计算机名/域更改"对话框中的"计算机名（C）"文本框中输入新的计算机名称，单击"确定"按钮完成计算机名称的更改，如需更改工作组名称可在下面的"工作组"文本框中输入新的工作组名称，如图1-40所示。注意：计算机名称和工作组名称修改后需要重启系统才能生效。

图1-39　"系统属性"对话框

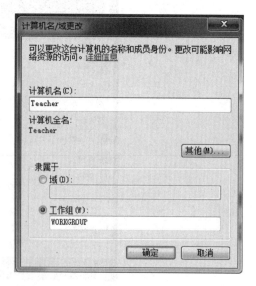

图1-40　"计算机名/域更改"对话框

1.5.2 磁盘清理

通过 Windows 7 系统的磁盘清理程序，可以清除磁盘中的一些临时文件、Internet 缓存文件和垃圾文件，以释放更多的磁盘空间。下面以清理 C 盘驱动器为例进行讲解。

（1）单击"开始"菜单，选择"控制面板"选项，单击"系统和安全"链接，弹出"系统和安全"界面，如图 1 – 41 所示。

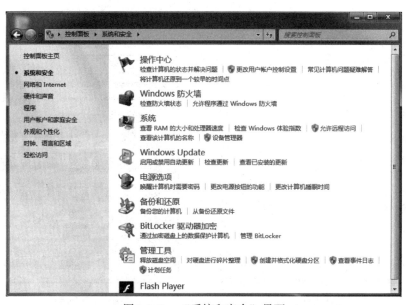

图 1 – 41   "系统和安全"界面

（2）选择"释放磁盘空间"链接，在弹出的对话框中单击"确定"按钮，如图 1 – 42 所示。

（3）系统自动打开"（C:)的磁盘清理"对话框，对磁盘中的文件进行计算和扫描，如图 1 –43 所示。如果要删除某类文件就勾选其复选框，单击"确定"按钮完成清理。

图 1 – 42   "磁盘清理：驱动器选择"
对话框

图 1 – 43   "（C:) 的磁盘
清理"对话框

1.5.3 更改快捷方式图标

可以对快捷方式的图标进行更改，以使其更加个性化。用鼠标右键单击桌面的"学习资料 - 快捷方式"图标，选择"属性"选项，在弹出对话框中选择"快捷方式"选项卡，如图 1 - 44 所示，单击"更改图标"按钮，弹出"更改图标"对话框如图 1 - 45 所示，选择一种图标，单击"确定"按钮，完成快捷方式图标的更改。

图 1 - 44　"快捷方式"选项卡

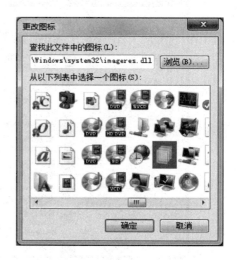

图 1 - 45　"更改图标"对话框

1.6　技能训练

（1）创建用户名为"学生"的账户，设置为标准账户，重新以"学生"账户登录，掌握管理员账户与标准账户的区别。

（2）将"腾讯 QQ"程序图标设置为在任务栏通知区域永远可见。

（3）在 D 盘下建立"学生作业"文件夹，并在其下新建一个"Microsoft Word 文档"文件，将其重命名为"项目二.docx"。

（4）将"学生作业"文件夹进行压缩，将压缩后的文件重命名为"自己的学号.rar"，再将压缩文件移动到桌面。

项目二

导入多段落文档排版

2.1 项目目标

本项目的主要目标是通过案例学习，让读者掌握 Word 2016 中多个文档的导入方式，利用样式对文本进行统一排版的方法，在文档中插入图片和图文混排的方法，页面背景、边框、底纹的设置方法，加/解密文档、保存文档的方法。

2.2 项目内容

本项目案例的目标是把多个文档内容导入一个文档中，快速清除原格式，然后对文本格式进行统一样式排版，在文档的适当位置插入图片，设置图片格式，对文档进行图文混排，设置页面背景，加/解密文档，保存文档到适当位置。排版效果如图 2-1 所示。

图 2-1 排版效果

2.3 方案设计

2.3.1 总体设计

把"电脑艺术设计专业（专）""电子信息工程（本）"和"计算机科学与技术专业

（本）"3个文件导入"专业介绍"文件中，清除原有格式，统一排版，加密文档，保存文档。

2.3.2　任务分解

本项目可分解为如下6个任务：

任务1——导入多个文档，清除文档原有格式；

任务2——设置样式，统一排版；

任务3——在文中插入图片，设置图片格式；

任务4——设置页面背景，添加文字水印；

任务5——对文档进行加密保护；

任务6——保存文档。

2.3.3　知识准备

1. Word 2016 操作界面认识

Word 2016操作界面主要包括标题栏、快速访问工具栏、功能区、"文件"菜单按钮、窗口控制按钮、主编辑区、滚动条、状态栏、视图切换区以及比例缩放区等，如图2-2所示。

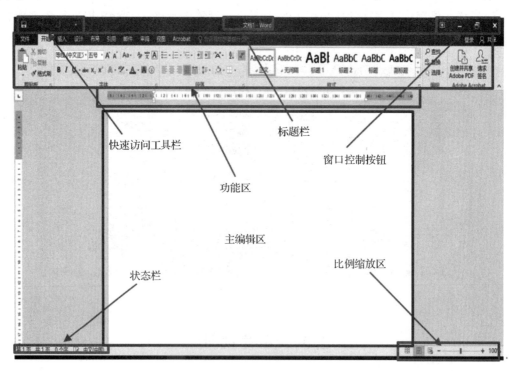

图2-2　Word 2016操作界面

标题栏：主要用于显示正在编辑的文档的名称和当前使用的软件名称。

快速访问工具栏：主要包括一些常用命令，如保存、撤销和恢复按钮。单击快速访问工具栏最右端的下拉按钮，可以添加其他常用命令或经常需要用到的命令。

功能区：主要包括"开始""插入""页面布局""引用""邮件""审阅"和"视图"等选项卡，以及工作时需要用到的命令。

"文件"菜单按钮：是一个类似菜单的按钮，位于 Word 2016 操作界面左上角。其中包括"信息""最近所用文件""新建""打印""共享""打开""关闭"和"保存"等常用命令。

2. 样式窗口

在 Word 2016 的"样式"窗格中可以显示出全部的样式，并可以对样式进行比较全面的操作。在 Word 2016 的"样式"窗格中选择样式的步骤如下：

（1）打开 Word 2016 文档窗口，选中需要应用样式的段落或文本块。在"开始"功能区的"样式"分组中单击"显示'样式'窗口"按钮，如图 2-3 所示。

图 2-3 显示样式窗口按钮

（2）在打开的"样式"窗格中单击"选项"按钮，如图 2-4 所示。

（3）打开"样式窗格选项"对话框，在"选择要显示的样式"下拉列表中选中"所有样式"选项，如图 2-5 所示，并单击"确定"按钮。

图 2-4 "选项"按钮

图 2-5 "样式窗格选项"对话框

（4）返回"样式"窗格，可以看到已经显示的所有样式。勾选"显示预览"复选框可以显示所有样式的预览，如图 2-6 所示。

（5）在"样式"列表中选择需要应用的样式，即可将该样式应用到被选中的文本块或段落中。

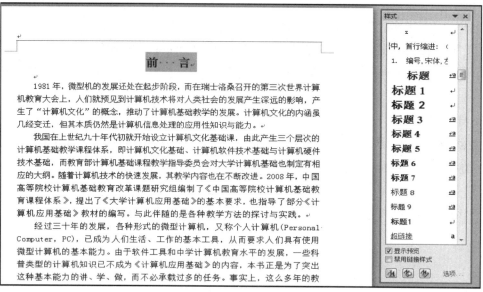

图2-6 "显示预览"复选框

3. 清除样式和格式

打开 Word 2016 文档窗口，选中需要清除样式或格式的文本块或段落，在"开始"功能区单击"样式"分组中的"显示'样式'窗口"按钮，打开"样式"窗格，在"样式"列表中单击"全部清除"按钮即可清除所有样式和格式。

4. 插入图片

在 Word 2016 文档中插入图片的步骤如下：

（1）打开 Word 2016 文档窗口，将光标定位到准备插入图片的位置，然后切换到"插入"功能区，单击"图片"按钮，打开"插入图片"对话框，选择图片插入即可。

（2）插入图片后，会出现"图片工具格式"选项组，如图2-7所示，可设置图片的各种效果。

图2-7 "图片工具格式"选项组

5. 页面背景设置

Word 2016 中，在"设计"选项卡下的"页面背景"选项区中可以设置文档的水印、页面颜色和页面边框。

（1）页面边框设置步骤：

单击"页面布局"选项卡，在"页面背景"选项区中单击"页面边框"按钮，可设置页面边框和底纹，如图2-8所示。

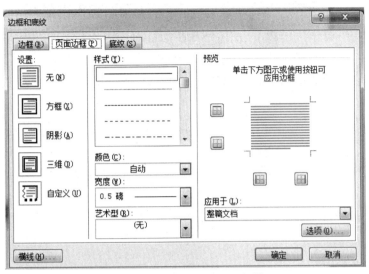

图2-8　"边框和底纹"对话框

（2）页面颜色设置步骤：

单击"设计"选项卡，在"页面背景"选项区中单击"页面颜色"按钮，可以设置页面背景色，单击"页面颜色"下拉菜单（图2-9）中的"填充效果"按钮，可以设置页面的渐变色背景、纹理背景或图片背景等，如图2-10所示。

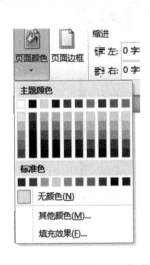

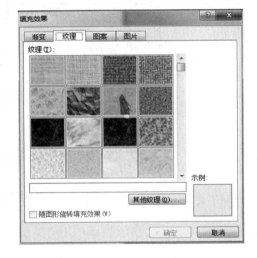

图2-9　"页面颜色"下拉菜单　　　　图2-10　"填充效果"对话框

（3）水印设置步骤：

单击"设计"选项卡，在"页面背景"选项区中单击"水印"按钮，在打开的水印面板中选择合适的水印即可，如图2-11所示。如果需要删除已经插入的水印，则再次单击水印面板，并单击"删除水印"按钮即可。

在打开的水印面板中单击"自定义水印"按钮，打开"水印"对话框，如图2-12所示，可以自定义图片水印或文字水印背景。

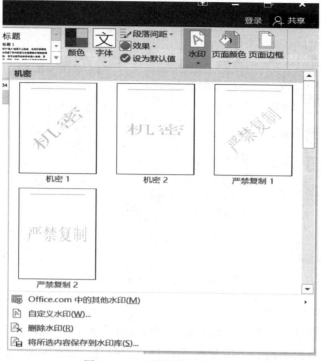

图 2-11　选择要插入的水印

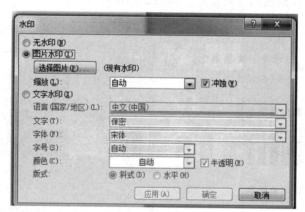

图 2-12　"水印"对话框

2.4　方案实现

2.4.1　任务1——导入多个文档，清除文档原有格式

1. 任务描述

把"电脑艺术设计专业（专）""计算机科学与技术专业（本）"和"电子信息工程（本）"3个文件导入一个空文档中，清除原有格式。

2. 操作步骤

（1）启动 Word 2016，创建一个空白文档，单击"插入"选项卡，在"文本"选项区中单击"对象"旁边的小三角，弹出的菜单中选择"文件中的文字"选项，弹出"插入文件"对话框，如图 2－13 所示。

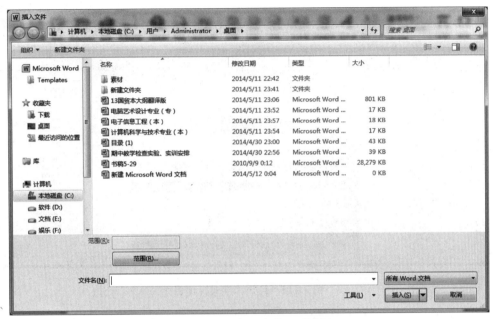

图 2－13　"插入文件"对话框

按住 Ctrl 键依次选中 3 个文档，如图 2－14 所示，单击"插入"按钮，完成文档导入。

图 2－14　选中 3 个文档

（2）单击"开始"选项卡，在"编辑"选项区中单击"选择"旁边的小三角或按"Ctrl + A"组合键或在选定区三击鼠标左键，选中全部内容，在"样式"选项区中，单击"显示样式"窗口按钮，打开"样式"窗格，如图 2 - 15 所示，在"样式"列表中单击"全部清除"按钮即可清除原有格式。

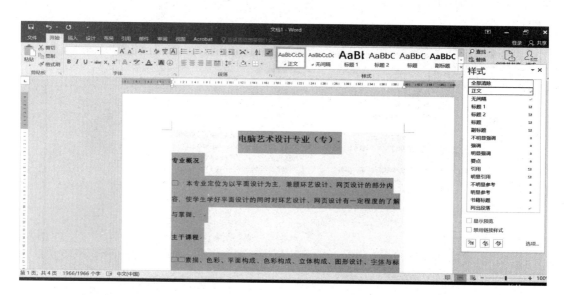

图 2 - 15　打开"样式"窗格

2.4.2　任务 2——设置样式，统一排版

1. 任务描述

设置标题的格式，对 3 个文本内容进行格式统一。

2. 操作步骤

（1）在"样式"列表中对"标题 1"样式进行修改，用鼠标右键单击"标题 1"，选择"修改"命令，出现图 2 - 16 所示对话框，设置字体为"宋体，四号，居中对齐，加粗"，在"修改样式"对话框中选择"格式"→"段落"选项，弹出图 2 - 17 所示对话框，设置左、右侧缩进为 0，无特殊格式，段前、段后间距均为 0，行距为 1.5 倍，单击"确定"按钮完成。同理设置"标题 2"样式，设置字体为"黑体，小四，左对齐"，段前、段后间距均为 0，行距为 1.5 倍。同理设置"正文"样式，设置字体为"宋体，五号，左对齐"，首行缩进 2 字符，行距为 1.5 倍，段前、段后间距均为 0，如图 2 - 18 所示。

（2）选中"电脑艺术设计专业（专）""电子信息工程（本）"和"计算机科学与技术专业（本）"，选择"样式"窗格中的"标题 1"，使其应用于所选的内容上。

（3）选中 3 个文本内容中的"专业概况""主干课程""培养目标"和"就业方向"，选择"样式"窗格中的"标题 2"，使其应用于所选的内容上。

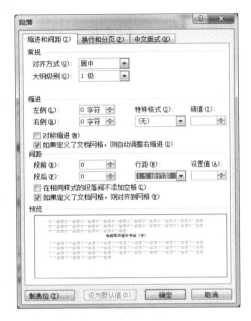

图 2 – 16 "修改样式"对话框   图 2 – 17 "段落"对话框

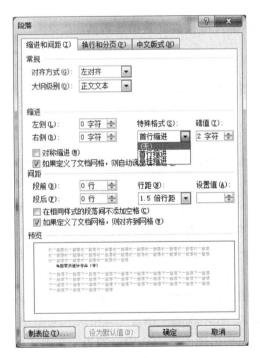

图 2 – 18 设置段落缩进

（4）选中 3 个文本内容的正文，选择"样式"窗格中的"正文"，使其应用于所选的内容上，其效果如图 2 – 19 所示。

> **电脑艺术设计专业（专）**
>
> **专业概况**
>
> 本专业定位为以平面设计为主，兼顾环艺设计、网页设计的部分内容，使学生学好平面设计的同时对环艺设计、网页设计有一定程度的了解与掌握。
>
> **主干课程**
>
> 素描、色彩、平面构成、色彩构成、立体构成、图形设计、字体与标志设计、包装设计、艺术概论、设计概论、摄影（含外出写生）、透视、展示设计（含外出写生）、coreIDRAW、photoshop、CAD、3DS MAX、FLASH、Dreamweaver、影视片头制作、网页设计、计算机应用基础、专业设计等。
>
> **培养目标**
>
> 培养能熟练运用计算机进行艺术设计与创作，能掌握电脑艺术创作软件及艺术的基本理论和基本知识，具有艺术美感和创作鉴赏能力，能够利用多种软件工具实现不同设计项目的高技能人才。
>
> **就业方向**
>
> 毕业生能在艺术设计部门、城市环境规划部门、广告公司、新闻媒体、学校等部门从事视觉传达设计、数字艺术设计、室内外展览展示设计、网页设计、环境艺术设计、广告艺术设计、网络媒体艺术设计等方面工作。

图 2-19　排版效果

2.4.3　任务3——在文中插入图片，设置图片格式

1. 任务描述

根据内容插入相应的图片，使文档图文并茂，下面给出一张图片的插入说明，其他图片类似。

2. 操作步骤

（1）将光标插入"电脑艺术设计专业（专）"文本第3段末尾，这里将成为插入图片的基准点。

（2）单击"插入"选项卡，再单击"图片"按钮，打开"插入图片"对话框，找到"素材"文件夹→"项目3"子文件夹，选择图片"艺术设计1. png"。单击"插入"按钮，此时图片出现在文档中。

（3）设置环绕方式。图片插入文档中默认以嵌入方式进行环绕，现在修改它。单击图片，在出现的"图片工具格式"菜单中，单击"位置"选项下的三角，出现图 2-20 所示列表，在出现的列表中单击"其他布局选项"按钮，则会打开"布局"对话框，单击"文字环绕"选项卡，环绕方式设置如图 2-21 所示。用鼠标右键单击图片，选择"设置图片格式"命令，打开"设置图片格式"对话框，可以设置图片的其他特征，如图 2-22 所示。

图 2-20　位置列表

图 2 - 21 "布局"对话框

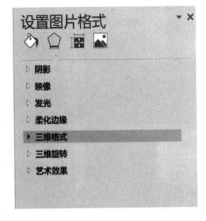

图 2 - 22 "设置图片格式"对话框

（4）以同样的方式插入其他图片。

在文档中插入图片要注意几个方面：插入图片的大小要均匀，过大的图片要缩小，过小的图片要放大；图片的位置不要超出文本编辑区太多，否则打印文档时可能打印不出来。

2.4.4 任务4——设置页面背景，添加文字水印

1. 任务描述

给文档设置页面背景，添加文字水印。

2. 操作步骤

（1）单击"页面布局"选项卡，在"页面背景"选项区的"页面颜色"下拉列表中选择浅绿色背景，为文档设置浅绿色背景，如图 2 - 23 所示。

（2）单击"页面布局"选项卡，在"页面背景"选项区的"水印"下拉列表中选择"自定义水印"选项，在弹出的对话框中选择"文字水印"选项，设置"电信学院"文字水印效果，如图 2 - 24 所示。

（3）单击"页面布局"选项卡，选择"页面背景"选项区的"页面边框"选项，打开"边框和底纹"对话框，如图 2 - 25 所示，在对话框中选择"方框"选项，再选择一种艺术型边框，应用到整篇文档。页面边框效果如图 2 - 26 所示。

电脑艺术设计专业（专）

专业概况

本专业定位为以平面设计为主，兼顾环艺设计、网页设计的部分内容，使学生学好平面设计的同时对环艺设计、网页设计有一定程度的了解与掌握。

主干课程

素描、色彩、平面构成、色彩构成、立体构成、图形设计、字体与标志设计、包装设计、艺术概论、设计概论、摄影（含外出写生）、透视、展示设计（含外出写生）、corelDRAW、photoshop、CAD、3DS MAX、FLASH、Dreamweaver、影视片头制作、网页设计、计算机应用基础、专业设计等。

培养目标

培养能熟练运用计算机进行艺术设计与创作，能掌握电脑艺术创作软件及艺术的基本理论和基本知识，具有艺术美感和创作鉴赏能力，能够利用多种软件工具实现不同设计项目的高技能人才。

就业方向

毕业生能在艺术设计部门、城市环境规划部门、广告公司、新闻媒体、学校等部门从事视觉传达设计、数字艺术设计、室内外展览展示设计、网页设计、环境艺术设计、广告艺术设计、网络媒体艺术设计等方面工作。

图 2-23　页面背景效果

设备的安装、调试、维修和维护管理能力；具有对通信设备、家用电子产品电路图的阅读分析及安装、调试、维护能力；具有对机电设备进行智能控制的设计和组织能力；具有阅读英语资料和计算机应用能力；能从事各类电子设备和信息系统的研究、设计、制造、应用和开发的高等工程技术人才。

就业方向：

该专业毕业生具有宽领域工程技术适应性，就业面很广，就业率高，毕业生实践能力强，工作上手快，可以在电子信息类的相关企业中，从事电子产品的生产、经营与技术管理和开发工作。主要面向电子产品与设备的生产企业和经营单位，从事各种电子产品与设备的装配、调试、检测、应用及维修技术工作，还可以到一些企事业单位一些机电设备、通信设备及计算机控制等设备的安全运行及维护管理工作。

计算机科学与技术专业（本）

专业概况：

本专业学生主要学习计算机科学与技术方面的基本理论和基本知识，接受从事研究与应用计算机的基本训练，具有研究和开发计算机系统的基本能力。本科毕业生应获得以下几方面的知识和能力：1. 掌握计算机科学与技术的基本理论、基本知识；2. 掌握计算机系统的分析和设计的基本方法；3. 具有研究开发计算机软、硬件的基本能力；4. 了解与计算机有关的法规；5. 了解计算机科学与技术的发展动态；6. 掌握文献检索、资料查询的基本

图 2-24　文字水印效果

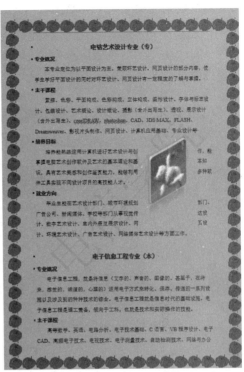

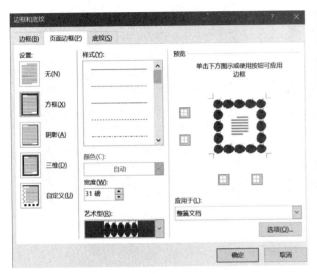

图 2-25 "页面边框"选项卡

图 2-26 页面边框效果

（4）将鼠标光标定位在第 1 段中，在"边框和底纹"对话框中单击"边框"选项卡，选择"方框"选项，设置虚线条，红色，1.5 磅，在"应用于"列表中选择"段落"选项，如图 2-27 所示。段落边框效果如图 2-28 所示。

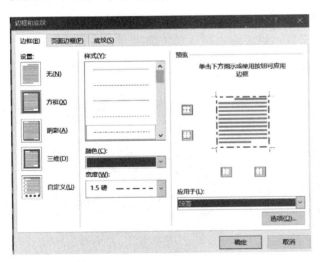

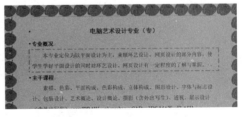

图 2-27 "边框"选项卡

图 2-28 段落边框效果

（5）将鼠标光标定位在第 1 段中，在"边框和底纹"对话框中单击"边框"选项卡，选择"方框"选项，设置虚线条，紫色，1.5 磅，在"应用于"列表中选择"文字"选项。

文字边框效果如图2-29所示。

（6）选定第1段文字，在"边框和底纹"对话框中单击"底纹"选项卡，选择填充为黄色，在"应用于"列表中选择"段落"选项并设置底纹为蓝色，应用于文字。文字、段落底纹效果如图2-30所示。

图2-29　文字边框效果

图2-30　文字、段落底纹效果

2.4.5　任务5——对文档进行加密保护

1. 任务描述

为了保护文档的安全，防止文档泄密，可以对文档设置密码保护。

2. 操作步骤

（1）单击"文件"选项卡，在"信息"选项区的"保护文档"下拉列表中选择"用密码进行加密"命令，弹出图2-31所示对话框。输入密码确定后，弹出"确认密码"对话框，如图2-32所示，再输一遍密码即可完成文档加密操作。

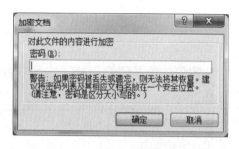
图2-31　"加密文档"对话框（1）

图2-32　"确认密码"对话框

（2）当打开文档时出现图2-33所示对话框，输入密码即可打开文档。

（3）当需删除密码时单击"文件"选项卡，在"信息"选项区的"保护文档"下拉列表中选择"用密码进行加密"命令，弹出图2-34所示对话框，删除密码即可。

图 2-33 "密码"对话框

图 2-34 "加密文档"对话框（2）

2.4.6 任务6——保存文档

1. 任务描述

在文档的编辑过程中随时要进行文档的保存，正确和快速地保存文档是经常性的工作。

2. 操作步骤

（1）选择"文件"选项卡中的"另存为"命令，弹出图 2-35 所示对话框。

（2）设置保存位置，在"保存位置"文本框右边的下拉键上单击，在下拉列表中选择一个保存位置。

（3）在"文件名"文本框位置输入文件名。

（4）单击"保存类型"选项框右边的下拉键，选择保存类型。

图 2-35 "另存为"对话框

注：保存文件的组合键为"Ctrl + S"，保存文件的三要素为：路径、文件名、类型。

2.5　知识拓展

2.5.1　艺术字

在 Word 2016 文档中插入艺术字的步骤如下：

（1）打开 Word 2016 文档窗口，将插入点光标移动到准备插入艺术字的位置。在"插入"功能区中，单击"文本"分组中的"艺术字"按钮，在打开的艺术字预设样式面板中选择合适的艺术字样式，如图 2-36 所示。

（2）打开艺术字文本编辑框，如图 2-37 所示，直接输入艺术字文本即可。用户可以对输入的艺术字分别设置字体和字号。

图 2-36　选择艺术字样式　　　　　　　　图 2-37　艺术字文本编辑框

2.5.2　数学公式

在数学、物理等学科中往往会出现各种公式符号，在 Word 2016 文档中插入数学公式的步骤如下：

（1）"插入"→"公式"下拉列表中列出了各种常用公式，如图 2-38 所示，可以直接选择应用。

（2）若要创建自定义公式，可选择"插入"→"公式"→"插入新公式"命令，打开公式编辑工具，显示"在此处键入公式"控件，如图 2-39 所示。

（3）利用公式编辑工具即可自定义设计各种公式，如图 2-40 所示。

（4）单击公式控件右侧的下拉箭头，选择"另存为新公式"命令，如图 2-41 所示。以后再插入公式时，即可在下拉列表中选择之前保存的公式，如图 2-42 所示。

2.5.3　首字下沉

在 Word 2016 文档中设置首字下沉的步骤如下：

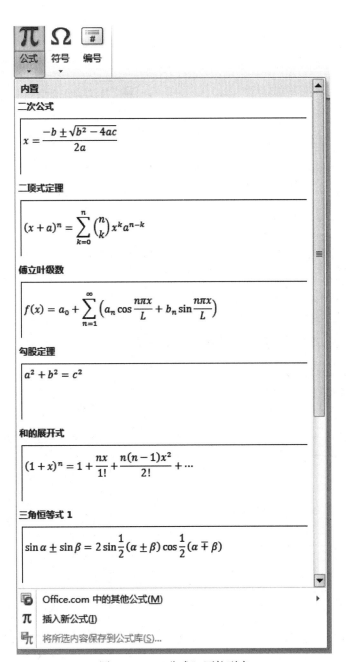

图2-38 "公式"下拉列表

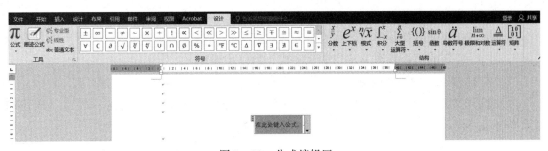

图2-39 公式编辑区

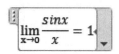

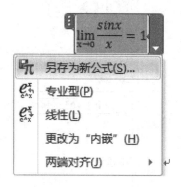

图2-40　编辑公式　　　　　　　　图2-41　保存新公式

（1）打开 Word 2016 文档窗口，将鼠标光标移动到需要设置首字下沉或悬挂的段落中。

（2）单击"插入"选项卡，在"文本"分组中单击"首字下沉"按钮。

（3）在"首字下沉"菜单中选择"首字下沉选项"命令。

（4）在"首字下沉"对话框中选择"下沉"或"悬挂"选项，然后可以分别设置字体或下沉的行数，最后单击"确定"按钮即可，如图2-43所示。

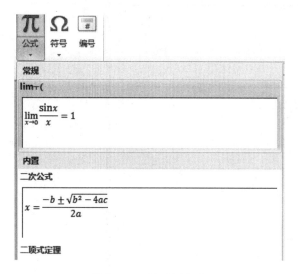

图2-42　显示新公式　　　　　　　图2-43　"首字下沉"对话框

2.5.4　模板使用

在 Word 2016 中内置有多种用途的模板（例如书信模板、公文模板等），用户可以根据实际需要选择特定的模板新建 Word 2016 文档，操作步骤如下：

（1）打开 Word 2016 文档窗口，选择"文件"→"新建"命令。

（2）打开"新建文档"窗口，在右侧列表中选择合适的模板，并单击"创建"按钮即可。同时用户也可以在"联机模板"区域搜索合适的模板，如图2-44所示。

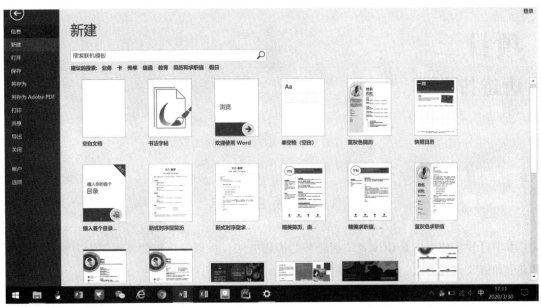

图2-44　模板窗口

2.6　技能训练

对素材中的文档进行排版，排版效果如图2-45所示。

图2-45　排版效果

项目三

唐诗排版

3.1　项目目标

本项目的主要目标是让读者掌握分节的操作方法，页眉、页脚的基本设置方法，本文框的应用和格式设置方法，标尺的应用技巧等。

3.2　项目内容

本项目的主要内容是清除唐诗文档的原有格式，并进行分节，为不同的节设置不同的页眉、不同的背景，统一页脚的格式。将《行路难》和《关山月》两首唐诗置为一节，每行两句，页面居中对齐，应用文本框为《将进酒》一节设置竖排效果。唐诗排版效果如图3－1所示。

图3－1　唐诗排版效果

3.3　方案设计

3.3.1　总体设计

灵活运用纵向和横向页面对分节的唐诗进行排版，为不同的节设置不同的效果，并设置背景。

3.3.2 任务分解

本项目可分解为如下 5 个任务：

任务 1——清除原有格式，插入分节符；

任务 2——设置文字格式，进行标尺排版，设置边框；

任务 3——替换字符，编辑文本框；

任务 4——根据各节设置不同的页眉，统一页脚；

任务 5——为各节设置不同的背景。

3.3.3 知识准备

1. 页面设置

页面设置是指设置版面的纸张大小、页边距及页面方向等。

2. 段落

段落是指文本、图形、对象或其他项目的集合，对段落内容可进行对齐方式设置、缩进设置、间距设置等。

3. 行距

行距是指从一行文字的底部到另一行文字底部的距离，它确定了段落中各行的垂直距离。

4. 文本框

文本框是 Word 2016 中放置文本的容器，任何文档的内容只要被置于文本框内，就可以随时被移动到页面的任意位置。文本框属于图形对象，可以对文本框设置各种边框格式，选择填充色，添加阴影等。

5. 查找与替换

查找是在一个较长文档中查找操作者输入的内容，利用查找功能快速进行搜索和定位，提高工作效率。替换是在一个较长文档中用新内容替换需要改正的内容，读者应了解特殊符号的替换方法。

在 Word 2016 文档中进行查找、替换的步骤如下：

（1）打开 Word 2016 文档，选择"开始"菜单中"编辑"分组中的"替换"命令，同样，也可以直接按"Ctrl + H"组合键，打开"查找和替换"对话框中的"替换"选项卡。

（2）在"查找内容"文本框中输入需被替换的字。

（3）在"替换为"文本框中输入正确的字。

（4）单击"全部替换"按钮，此时，文档中所有需被替换的字已经全部替换成正确的字，如图 3 - 2 所示。

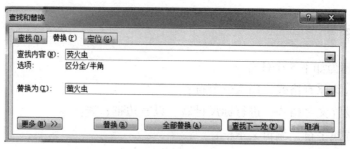

图 3-2 "查找和替换"对话框

还可以单击"更多"按钮，替换那些键盘上没有的符号，如把"手动换行符"替换为"段落标记符"。

6. 分节

分节符可以将整篇文档分成不同的节，以方便不同的节的个性化设置。

在 Word 2016 文档中插入分节符的步骤如下：

（1）打开 Word 2016 文档窗口，将鼠标光标定位到准备插入分节符的位置，然后切换到"布局"功能区，在"页面设置"分组中单击"分隔符"按钮，如图 3-3 所示。

图 3-3 "分隔符"按钮

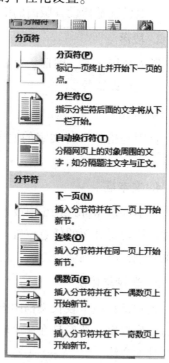

（2）在打开的"分隔符"列表中，"分节符"区域列出了 4 种不同类型的分节符，如图 3-4 所示：

"下一页"：插入分节符并在下一页上开始新节；

"连续"：插入分节符并在同一页上开始新节；

"偶数页"：插入分节符并在下一偶数页上开始新节；

"奇数页"：插入分节符并在下一奇数页上开始新节。

选择合适的分节符即可。

图 3-4 "分隔符"列表

7. 页眉页脚

页眉页脚是页面的两个特殊区域，页眉是文档中每个页面的顶部区域，常用于显示文档的附加信息，可以插入时间、图形、公司徽标、文档标题、文件名或作者姓名等。页脚是文档中每个页面的底部区域，常用于显示文档的附加信息，也可以在页脚中插入文本或图形，例如页码、日期、公司徽标、文档标题、文件名或作者姓名等，这些信息通常打印在文档中每页的底部。

在 Word 2016 文档中设置页眉页脚的步骤如下：

（1）打开 Word 2016 文档窗口，将鼠标光标定位到准备插入页眉页脚的位置，然后切换到"插入"功能区，在"页眉和页脚"分组中可以找到"页眉""页脚"按钮，如图 3-5 所示。

图 3-5　"页眉和页脚"分组

（2）单击"页眉"按钮，可以打开"页眉"列表，选择一种页眉格式，单击"编辑页眉"按钮，即可进行页眉设置，同理可设置页脚，如图 3-6 所示。

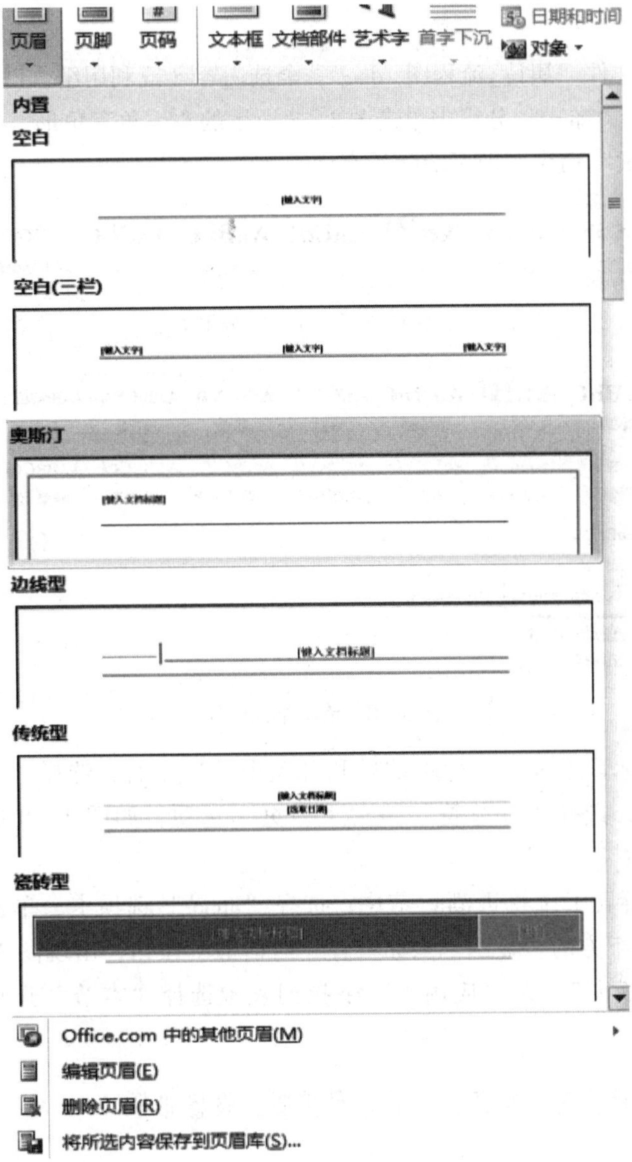

图 3-6　"页眉"列表

3.4 方案实现

3.4.1 任务1——清除原有格式，插入分节符

1. 任务描述

导入"唐诗_流程图.doc"文件，对文档的内容进行格式清除，为唐诗《行路难》和《关山月》页面设置纵向，置于第一节，为唐诗《将进酒》页面设置横向，置于第二节。

2. 操作步骤

（1）打开素材文件"唐诗_流程图.doc"，全选内容（或利用组合键"Ctrl + A"），单击"开始"选项卡，在"样式"分组中单击图3-7所示的右下角三角形，出现图3-8所示界面，选择"清除格式"命令，即可清除所有格式。

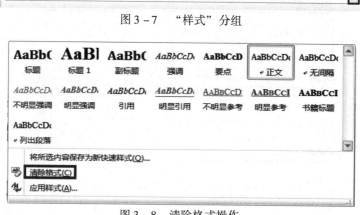

图3-7 "样式"分组

图3-8 清除格式操作

（2）将鼠标光标置于唐诗《行路难》和《关山月》之后，选择"布局"选项卡，单击"分隔符"按钮，选择"分节符"→"下一页"选项，如图3-9所示，即可插入分节符。

（3）把鼠标光标置于《将进酒》节中，选择"布局"选项卡，单击图3-10所示的"页面设置"分组右下方的"显示'页面设置'对话框"按钮，出现图3-11所示对话框，选择纸张方向为"横向"，在"应用于"下拉列表中选择"本节"选项，其他选项选择默认。

3.4.2 任务2——设置文字格式，进行标尺排版，设置边框

1. 任务描述

将《行路难》和《关山月》两首唐诗置于第一节，每行两句，按诗行体进行排版。

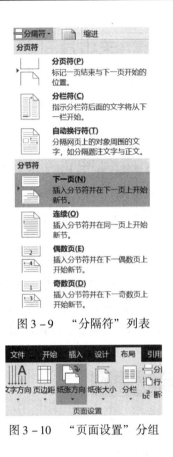

图 3-9 "分隔符"列表

图 3-10 "页面设置"分组

图 3-11 "页面设置"对话框

2. 操作步骤

（1）选中唐诗标题"行路难"，在"开始"功能区中设置文字为"黑体，一号，居中"，设置字体工具栏如图 3-12 所示，同理设置作者文字为"仿宋_GB2312，四号，居中"。

图 3-12 设置字体工具栏

（2）选中唐诗《行路难》诗句，设置诗句文字为"仿宋_GB2312，三号"，拖动标尺"左缩进"和"右缩进"，使《行路难》诗句呈一行两句效果，如图 3-13 所示。

（3）选中唐诗《关山月》标题，设置标题文字为"黑体，一号，居中"，设置作者文字为"仿宋_GB2312，四号，居中"。

（4）选中唐诗《关山月》诗句，设置诗句文字为"仿宋_GB2312，三号"，拖动标尺"左缩进"和"右缩进"，使《关山月》诗句呈一行两句效果，如图 3-14 所示。

行路难

李白

金樽清酒斗十千，玉盘珍羞值万钱。

停杯投箸不能食，拔剑四顾心茫然。

欲渡黄河冰塞川，将登太行雪满山。

闲来垂钓碧溪上，忽复乘舟梦日边。

行路难，行路难！多歧路，今安在？

长风破浪会有时，直挂云帆济沧海。

图3-13 《行路难》诗句排版效果

关山月

李白

明月出天山，苍茫云海间。

长风几万里，吹度玉门关。

汉下白登道，胡窥青海湾。

由来征战地，不见有人还。

戍客望边邑，思归多苦颜。

高楼当此夜，叹息未应闲。

图3-14 《关山月》诗句排版效果

（5）将鼠标光标置于第一节，选择"布局"选项卡，选择"页面边框"选项，弹出"边框和底纹"对话框，选择"页面边框"选项卡，如图3-15所示，设置边框的线型、颜色、宽度，在"应用于"下拉列表中选择"本节"选项，单击"确定"按钮，边框设置完成。效果如图3-16所示。

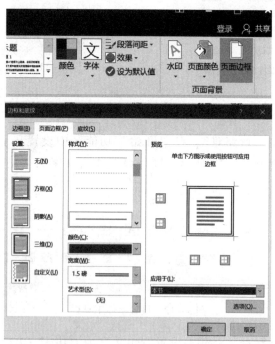

图3-15 "页面边框"选项卡

3.4.3 任务3——替换字符，编辑文本框

1. 任务描述

把文档中的"手动换行符"替换成"段落标记"，将唐诗《将进酒》插入竖排文本框中，设置字体及文本框的背景图案。

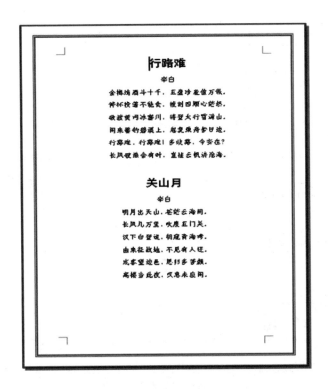

图 3 – 16 《行路难》和《关山月》排版效果

2. 操作步骤

（1）选中第二节《将进酒》唐诗的所有内容，选择"开始"功能区的"编辑"分组中的"替换"命令，弹出"查找和替换"对话框，如图 3 – 17 所示，单击"更多"按钮，在"查找内容"栏中选择特殊字符"手动换行符"，在"替换为"栏中选择特殊字符"段落标记"，如图 3 – 18 所示，单击"全部替换"按钮，完成替换。

图 3 – 17 "查找和替换"对话框

（2）选中唐诗《将进酒》内容，单击"插入"选项卡，如图 3 – 19 所示，选择"文本框"选项，出现图 3 – 20 所示窗口，选择"绘制竖排文本框"选项，效果如图 3 – 21 所示。

（3）设置文本框的大小。双击文本框边框位置，出现"文本框格式"功能区，如图 3 – 22 所示，在功能区中找到"大小"分组，单击 📐 按钮，出现图 3 – 23 所示对话框，设置高度为 12 厘米，宽度为 22 厘米。

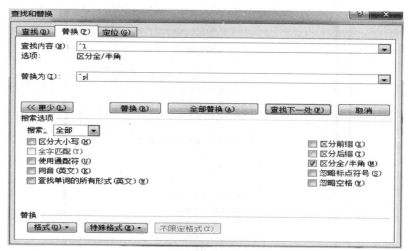

图 3 – 18　查找和替换特殊字符

图 3 – 19　"插入"功能区

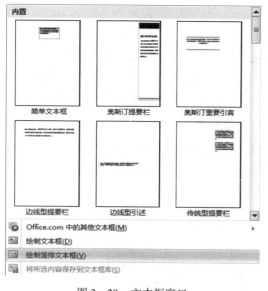

图 3 – 20　文本框窗口

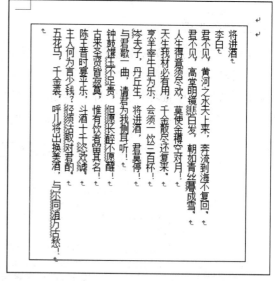

图 3 – 21　设置文本框效果

图 3 – 22　"文本框格式"功能区

图 3 - 23 设置文本框大小对话框

（4）设置文本框的填充效果。在图 3 - 24 所示的"设置文本框格式"对话框中选择"颜色与线条"选项卡，在"填充"区域单击"填充效果"按钮，在"填充效果"对话框中选择"白色大理石"效果，如图 3 - 24 所示，线条颜色选择"蓝色"，线型选择"3 磅"，如图 3 - 25 所示，选择"版式"选项卡，在"水平对齐方式"区域选择"居中"单选按钮，如图 3 - 26 所示。

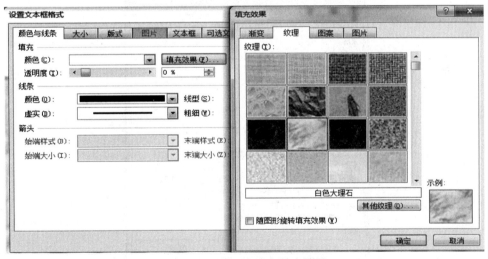

图 3 - 24 设置文本框填充效果

（5）选中《将进酒》标题，设置文字为"黑体，二号，蓝色，居中对齐"，设置作者文字为"宋体，三号，蓝色，居中对齐"，设置诗句文字为"隶书，三号，红色"。选中诗句内容，其设置字体工具栏如图 3 - 27 所示。

（6）单击"段落"右侧的小箭头按钮，设置段前、段后间距为 0.5 行，行距为单倍行距，如图 3 - 28 所示，单击"确定"按钮，《将进酒》排版效果如图 3 - 29 所示。

大学生计算机应用基础（第3版）

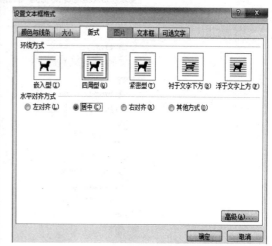

图 3-25　设置文本框线条颜色及线型　　　　图 3-26　设置版式及对齐方式

图 3-27　设置字体工具栏

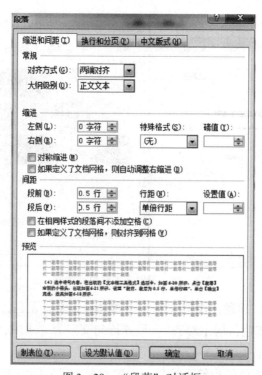

图 3-28　"段落"对话框

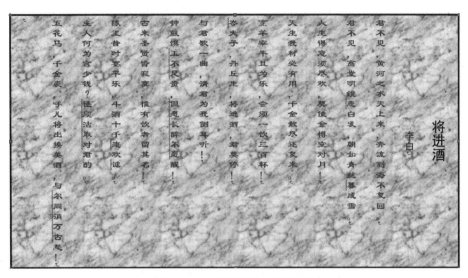

图 3-29　《将进酒》排版效果

3.4.4　任务4——根据各节设置不同的页眉，统一页脚

1. 任务描述

针对每一节设置不同的页眉、页脚并统一格式。

2. 操作步骤

（1）将鼠标光标放在文档第一节，单击"插入"选项卡，单击"页眉"选项的下三角按钮，单击"编辑页眉"按钮，如图 3-30 所示，输入页眉内容"行路难 关山月"，如图 3-31 所示。

（2）将鼠标光标放在第二节，单击"插入"选项卡，选择"页眉"选项，单击"编辑页眉"按钮，单击"链接到前一条页眉"按钮，取消链接功能，如图 3-32 所示，输入页眉内容"将进酒"，如图 3-33 所示。

（3）将鼠标光标放在第一节，单击"插入"选项卡，选择"页脚"选项，单击"编辑页脚"按钮，单击"页码"选项的下三角按钮，选择"设置页码格式"命令，出现"页码格式"对话框，设置如图 3-34 所示，单击"确定"按钮，重新单击"页码"选项的下三角按钮，选择"页面底端"列表中的第二种页码形式，如图 3-35 所示，插入连续页脚。

3.4.5　任务5——为各节设置不同的背景

1. 任务描述

有两个不同的图形文件，把它们设置为每一节的水印背景。

图 3 – 30   页眉选项

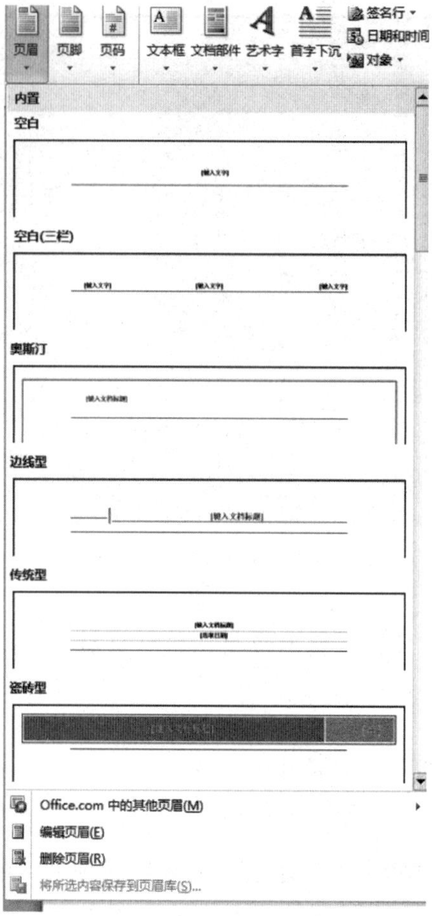

行路难·关山月↵

行路难

图 3 – 31   输入页眉内容"行路难 关山月"

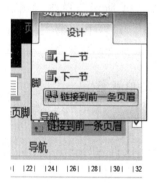

图 3 – 32   "链接到前一条页眉"按钮

图 3 - 33 输入页眉内容 "将进酒"

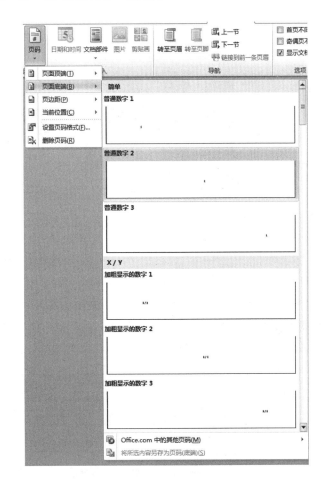

图 3 - 34 插入页码格式 　　　　　图 3 - 35 选择页码形式

2. 操作步骤

（1）双击第一节的页眉，激活页眉编辑，单击"插入"选项卡，选择"图片"选项，选择"素材"文件夹→"项目 4"子文件夹中的图片"唐诗 1. jpg"，单击"插入"按钮，将图片插入文档中，单击"图片工具格式"选项卡，在"颜色"下拉列表中选择"重新着色"区域的"冲蚀"选项，如图 3 - 36 所示，在"位置"下拉列表中选择"其他布局选项"→"文字环绕"→"衬于文字下方"选项，如图 3 - 37 所示，单击"确定"按钮完成，移动图片到页面中心位置，效果如图 3 - 38 所示。

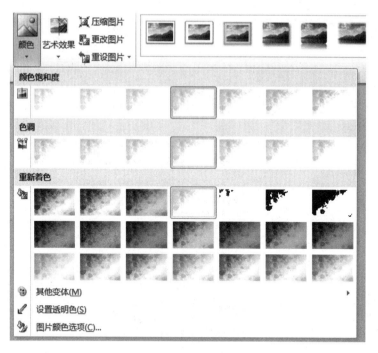

图 3 – 36 "颜色"下拉列表

（2）双击第二节的页眉，激活页眉编辑，单击"插入"选项卡，选择"图片"选项，选择"素材"文件夹→"项目4"子文件夹中的图片"唐诗2.jpg"，单击"插入"按钮，将图片插入文档，单击"图片工具格式"选项卡，在"颜色"下拉列表中选择"重新着色"区域的"冲蚀"选项，在"位置"下拉列表中选择"其他布局选项"→"文字环绕"→"衬于文字下方"选项，单击"确定"按钮完成，移动图片到页面中心位置，效果如图 3 –39 所示。

图 3 – 37 "布局"对话框

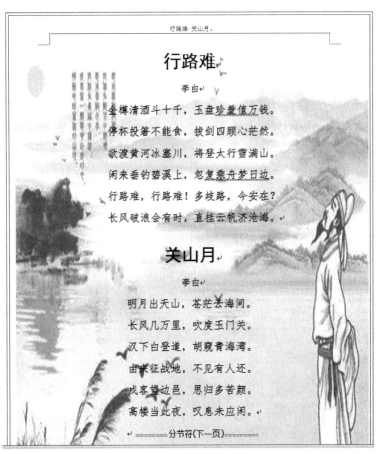

图 3 - 38　　《行路难》《关山月》排版效果

图 3 - 39　　《将进酒》排版效果

3.5　知识拓展

3.5.1　标尺的应用

标尺用来对齐图片或制作不规则的 Word 2016 表格十分方便。在 Word 2016 中，一般打开文档或新建文档时，是没有标尺出现的。这是因为在默认状况下，标尺是隐藏的。

在 Word 2016 中打开标尺时，只要按住屏幕右侧滚动条上方的标尺按钮就可以显示标尺。水平标尺和垂直标尺会同时出现在文档窗口中。在不需要的时候可以再按标尺按钮将标尺关闭。

在水平标尺上有几个特殊的小滑块，是用来调整段落的缩进量的，如图 3 - 40 所示。

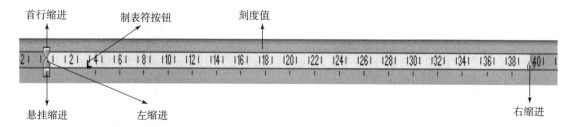

图 3 - 40　标尺工具栏

各滑块的功能如下：

"制表符按钮"滑块：制表位的设置标志。

"悬挂缩进"滑块：控制所选段落除第一行以外的其他行相对于左页边距的缩进量。

"首行缩进"滑块：控制所选段落的第一行相对于左页边距的缩进量。

"左缩进"滑块：控制段落相对于左页边距的缩进量。

"右缩进"滑块：控制段落相对于右页边距的缩进量。

"刻度值"：标记文档中的水平位置。

用水平标尺进行缩进设置时的操作步骤如下：

（1）选中要对其进行缩进设置的段落。

（2）用单击并拖动所需要的滑块，即可完成所选段落的缩进设置。

3.5.2　书签的使用

书签主要用于帮助用户在 Word 2016 长文档中快速定位至特定位置，或者引用同一文档（也可以是不同文档）中的特定文字。在 Word 2016 文档中，文本、段落、图形图片、标题等都可以添加书签，文档中添加了书签后就可以使用书签进行定位，操作步骤如下：

（1）选中希望注上标记的对象，可以是标题、段落、图片等，也可以将鼠标光标定位于需要插入书签的位置，单击"插入"选项卡，在功能区中选择"书签"选项，打开"书签"对话框，如图 3 - 41 所示。

（2）在文档中添加书签后，书签的定位操作是：打开添加了书签的文档，切换到"插入"功能区，在"链接"分组中单击"书签"按钮。打开"书签"对话框，在"书签名"列表中选中合适的书签，单击"定位"按钮，如图 3 – 42 所示。

图 3 – 41　添加书签　　　　　　　图 3 – 42　定位书签

3.6　技能训练

打开素材，设置诗句排版效果，如图 3 – 43 所示。

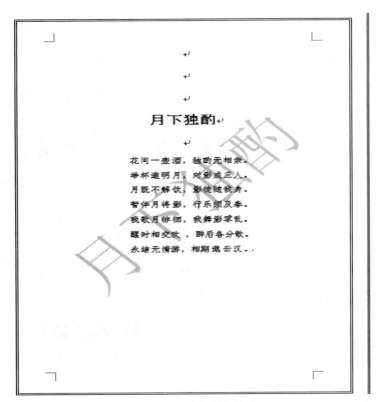

图 3 – 43　诗句排版效果

项目四

自选图形绘制

4.1　项目目标

本项目的主要目标是让读者掌握 Word 2016 中绘制形状图形的相关操作。SmartArt 图形的制作方法，图形、图片的混搭排版方法。

4.2　项目内容

本项目的主要内容是利用形状图形制作精美的图案、绘制组织结构图及教学质量督导流程图。本项目的完成效果如图 4 – 1 所示。

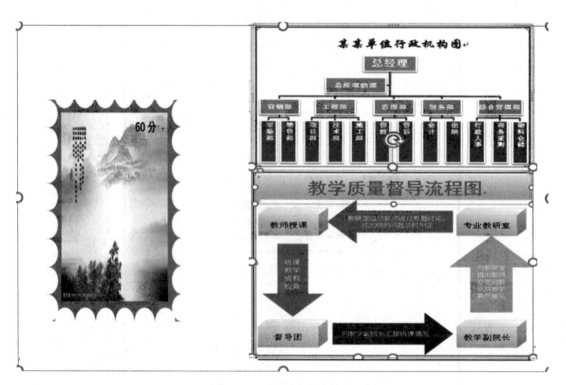

图 4 – 1　项目四的完成效果

4.3　方案设计

4.3.1　总体设计

利用 Word 2016 所提供的图形工具进行图形的设计与绘制，熟练掌握 Word 2016 的图形处理方法和技巧。

4.3.2　任务分解

本项目可分解为如下 5 个任务：

任务 1——新建文档，对文档分节及进行页面设置操作；

任务 2——绘制一枚邮票；

任务 3——绘制"某某单位行政机构图"；

任务 4——绘制"教学质量督导流程图"；

任务 5——保存文档。

4.3.3　知识准备

1. 页面设置

页面设置是指设置版面的纸张大小、页边距及页面方向等。

2. 自选图形

自选图形是 Word 2016 提供的一种矢量图工具，自选图形中的图形可以自由组合，从而绘制出精美的图案。

4.4　方案实现

4.4.1　任务1——新建文档，对文档分节及进行页面设置操作

1. 任务描述

新建 Word 2016 文档，进行页面的设置，通过分节符将 Word 2016 文档分成多个部分。

2. 操作步骤

（1）启动 Word 2016 后，系统会自动建立名为"文档1"的文件，将鼠标光标置于文档的首位，单击"布局"选项卡，在"页面设置"分组中选择"分隔符"→"下一页"选项，如图 4–2 所示。

（2）将鼠标光标置于第一节的任意位置，选择"布局"→"页面设置"→"纸张方向"→"横向"选项，如图 4–3 所示。

图 4 - 2　分节操作

图 4 - 3　设置纸张方向

4.4.2　任务2——绘制一枚邮票

1. 任务描述

用 Word 2016 中的自选图形绘制一枚邮票。

2. 操作步骤

（1）将鼠标光标定位到 Word 2016 文档的第 1 页，接下来在空白的页面上绘制邮票。选择"插入"→"形状"选项，如图 4 - 4 所示。

（2）在形状库中选择"矩形"，在空白页面上绘制一个矩形，将矩形颜色填充为绿色（也可用其他颜色），将矩形轮廓设为无轮廓，如图 4 - 5 所示。

（3）在形状库中选择"椭圆"，按住 Shift 键，先绘制出一个小圆，接着复制一些大小相同的小圆，具体可先选择第一个圆，同时按住 Shift 与 Ctrl 键，并按住鼠标左键拖动到合适位置，松开按键与鼠标，再按 F4 键即可以进行等距离复制，如图 4 - 6 所示，也可以采用对齐和横向或纵向分布方式实现均匀复制。

（4）绘制好小圆后，对小圆的格式进行设置。选择"绘图工具格式"选项卡，选择"排列"分组中的"选择窗格"选项，展开图形选择对话框，按住 Ctrl 键，选择所有椭圆，如图 4 - 7 所示。选择好之后，将所有椭圆组合起来，设置其"形状填充"为白色，"形状轮廓"为无轮廓，然后移动到合适位置，其效果如图 4 - 8 所示。

（5）用同样的方法绘制左侧、上部、下部的锯齿，或使用复制右侧到左侧，复制右侧并旋转90°的方法进行上部和下部的操作，再将矩形与 4 个锯齿图形组合起来，效果如图 4 - 9 所示。

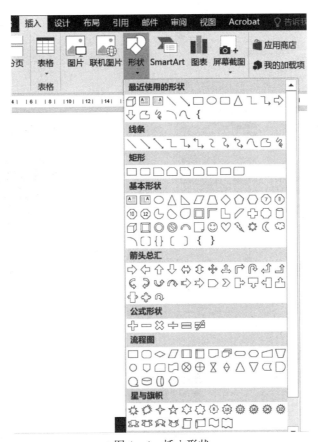

图 4－4　插入形状

图 4－5　绘制矩形边框

图 4－6　绘制矩形边框的锯齿效果

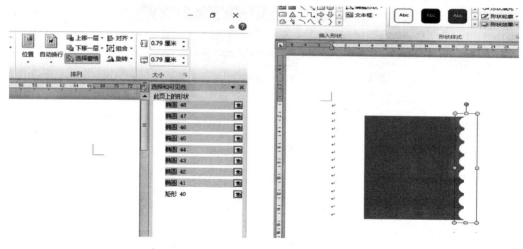

图4-7　选择所有椭圆　　　　　　　　　　图4-8　右侧锯齿效果

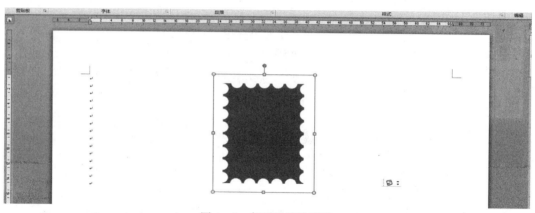

图4-9　邮票形状效果图

（6）填入邮票主图。单击"插入"选项卡，在"插图"分组中选择"图片"选项，如图4-10所示。

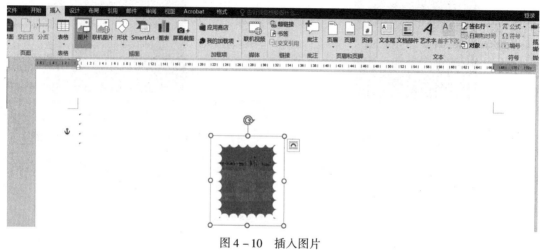

图4-10　插入图片

在弹出的"插入图片"对话框中找到素材中的"邮票素材.jpg"，单击"插入"按钮，如图4-11所示。

图4-11　"插入图片"对话框

将图片位置设置为"中间居中，四周型文字环绕"，如图4-12所示。

图4-12　设置图片位置

　　将图片调整为到合适大小，并与矩形左右居中对齐、上下居中对齐，组合成一个图形，如图4-13所示。

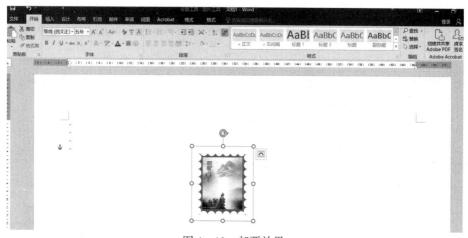

图4-13　邮票效果

　　（7）为邮票添加面额，单击"插入"选项卡，在"插图"功能区中选择"形状"选项，找到"文本框"插入文件，输入"60分"，设置字体大小，设置文本框"形状填充"为"无"，"形状轮廓"为"无"，然后放入邮票右下角位置，最后组合起来，即完成邮票的制作，效果如图4-14所示。

图4-14　邮票整体效果

4.4.3　任务3——绘制"某某单位行政机构图"

1. 任务描述

用组织结构图描述某某单位行政机构。

2. 操作步骤

（1）单击"插入"选项卡，选择"SmartArt"选项，如图4-15所示，在"选择Smart-

Art 图形"对话框中选择"层次结构"选项，然后在右侧选择"组织结构图"，单击"确定"按钮，出现图 4 – 16 所示效果图。

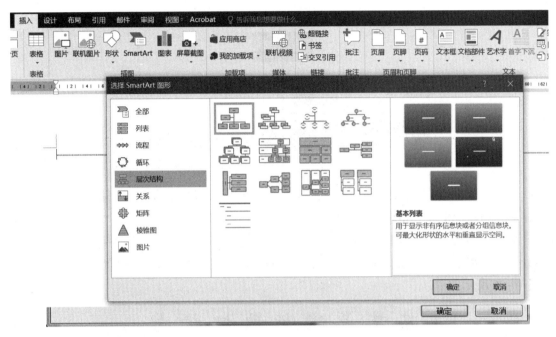

图 4 – 15　"选择 SmartArt 图形"对话框

（2）输入文本"总经理""总经理助理""营销部""工程部""客服部"，如图 4 – 17 所示。

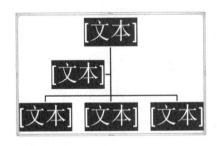

图 4 – 16　组织结构图插入效果

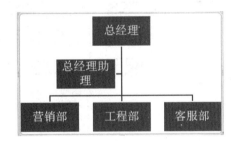

图 4 – 17　添加文字效果

（3）选择"总经理"组织框，如图 4 – 18 所示，在"SmartArt 工具设计"选项卡的工具栏中选择"添加形状"→"在下方添加形状"命令，出现图 4 – 19 所示效果图。

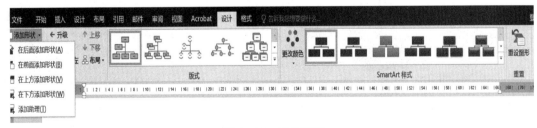

图 4 – 18　添加形状

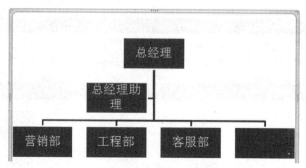

图 4-19 添加"总经理"组织框下属效果

（4）输入文本"财务部"。同理，设置"总经理"组织框下属"综合管理部"，设置"营销部"组织框下属"市场部""销售部"；设置"工程部"组织框下属"项目组""技术组""施工组"；设置"客服部"组织框下属"售前""售后"；设置"财务部"组织框下属"会计""出纳"；设置"综合管理部"组织框下属"行政人事""商务采购""物料仓储"，如图 4-20 所示。

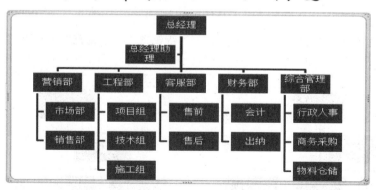

图 4-20 未美化的结构组织图

（5）选中组织图中的"营销部""工程部""客服部""财务部"和"综合管理部"，然后在"SmartArt 工具设计"选项卡的工具栏中选择"布局"→"标准"选项来调整布局，如图 4-21 所示。

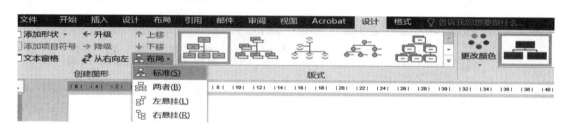

图 4-21 调整组织结构图的布局

（6）根据需要利用图4-22所示的工具调整各个组织框的大小（高度与宽度）。

图4-22　"SmartArt 工具格式"选项卡的工具栏

（7）利用图4-23所示的"形状样式"工具为相应的组织框设计边框及配色方案。整体组织结构图美化后效果如图4-24所示。

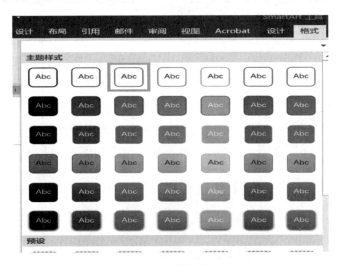

图4-23　"形状样式"工具

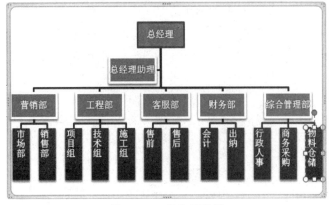

图4-24　美化后效果

4.4.4 任务4——绘制"教学质量督导流程图"

1. 任务描述

用形状绘制"教学质量督导流程图"。

2. 操作步骤

（1）选择"插入"→"形状"→"星与旗帜"→"横卷形"选项，单击鼠标右键选择"添加文字"命令，输入"教学质量督导流程图"，设置文字为"黑体，小一，加粗，居中，绿色"，在图4-25所示的工具栏中选择"形状轮廓"→"无轮廓"选项。

图4-25　"绘图工具格式"选项卡的工具栏

（2）选择"形状填充"→"渐变"→"其他渐变"选项，然后在出现的"设置形状格式"列表中选择"填充"→"渐变填充"选项，单击"预设渐变"旁边的小箭头，然后选择"渐变颜色-个性色6"选项，如图4-26所示。效果如图4-27所示。

图4-26　"设置形状格式"对话框

图 4 – 27 "横卷形"图形

（3）选择"插入"→"形状"→"基本形状"→"立方体"图形，单击鼠标右键添加文字"教师授课"，如图 4 – 28 所示，然后单击鼠标右键选择"设置形状格式"命令，在此列表中设置形状的相关属性。选择"插入"→"形状"→"箭头总汇"→"下箭头"命令，添加文字"听课教学资料检查"，进行形状属性的设置，如图 4 – 29 所示。

图 4 – 28 为"立方体"图形添加文字效果　　　　图 4 – 29 为"箭头"图形
　　　　　　　　　　　　　　　　　　　　　　　　　　　　添加文字效果

（4）同理，编辑其他图形，整体效果如图 4 – 30 所示。

（5）"某某单位行政机构图"和"教学质量督导流程图"效果如图 4 – 31 所示。

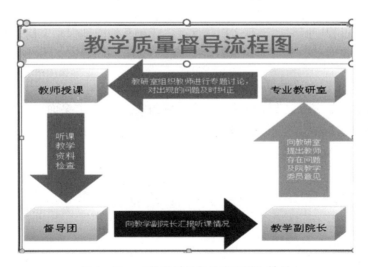

图 4 – 30 "教学质量督导流程图"效果

图4-31 "某某单位行政机构图""教学质量督导流程图"效果

4.4.5 任务5——保存文档

1. 任务描述

在文档的编辑过程中随时要进行文档的保存，正确和快速地保存文档是经常性的工作。

2. 操作步骤

（1）选择"文件"→"另存为"命令。

（2）设置保存位置，在"保存位置"下拉列表中选择位置"桌面"。

（3）在"文件名"文本框中输入文件名"自选图形绘制.docx"。

（4）选择"保存类型"为"Word文档（*.docx）"。

4.5 知识拓展

4.5.1 透视阴影

对于文档中的自选图形、文本框、艺术字甚至图示中的组成图框等对象，通过透视阴影或三维旋转的设置，可以使它们的立体效果更加丰富。

添加透视阴影的操作步骤如下：

（1）打开文档窗口，选中需要设置阴影的自选图形。

（2）在自动打开的"绘图工具格式"功能区中选择"形状样式"分组中的"形状效果"选项，并在打开的列表中选择"阴影"选项。然后在打开的阴影列表中选择合适的阴影效果，如选择"透视"分组中的"左上角透视"选项，如图4-32所示。

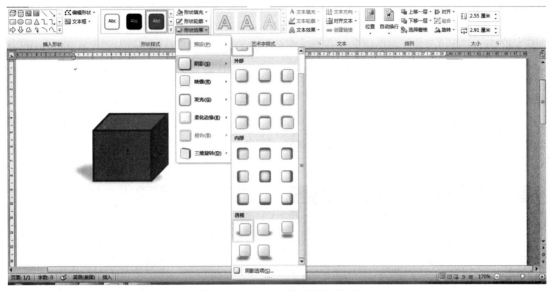

图4-32　"左上角透视"选项

如果需要对自选图形的阴影效果进行更高级的设置，可以在阴影面板中单击"阴影选项"按钮，在打开的"设置形状格式"对话框中，可以对阴影进行"透明度""大小""颜色""角度"等多种设置，以实现更为合适的阴影效果，如图4-33所示。

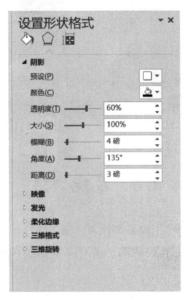

图4-33　阴影设置

4.5.2 三维旋转

通过为文档中的自选图形设置三维旋转，可以使自选图形呈现立体旋转的效果。无论是本身已经具备三维效果的立体图形（如立方体、圆柱体），还是平面图形，均可以实现平行、透视和倾斜3种形式的三维旋转效果，具体操作步骤如下：

（1）打开文档窗口，选中需要设置三维旋转的自选图形。

（2）在自动打开的"绘图工具格式"功能区中选择"形状样式"分组中的"形状效果"选项，并在打开的列表中选择"三维旋转"选项。然后在打开的三维旋转面板中选择合适的三维旋转效果，如选择"平行"分组中的"等轴右上"选项，如图4-34所示。

如果需要对自选图形进行更高级的三维旋转设置，可以在三维旋转面板中选择"三维旋转选项"命令，在打开的"设置形状格式"对话框中，用户可以针对X、Y、Z三个中心轴进一步设置旋转角度，如图4-35所示。

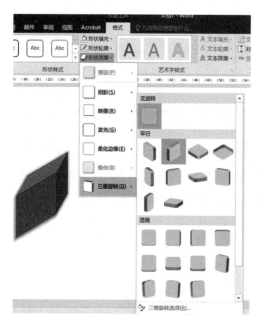

图4-34　"等轴右上"选项

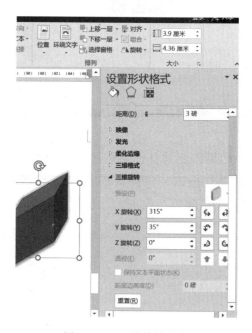

图4-35　三维旋转设置

4.6　技能训练

（1）绘制"新生报到流程图"，效果如图4-36所示。

（2）学校要举办"创新文化节"活动，请对文字描述和图片展示合理排版，进行宣传，同时用自选图形绘制活动流程。

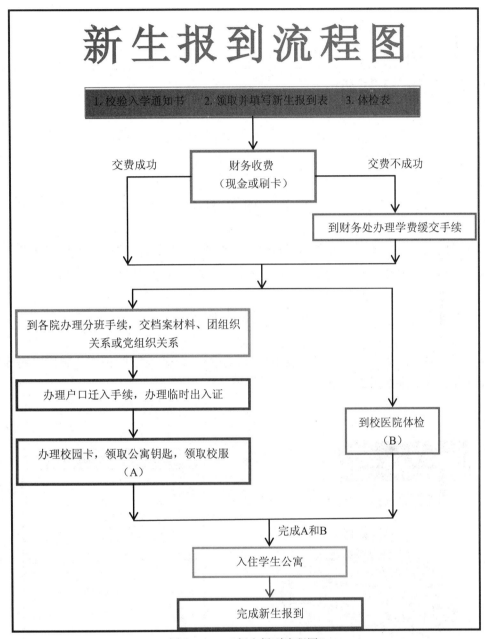

图 4-36　"新生报到流程图"

项目五

个人简历表制作

5.1　项目目标

本项目的主要目标是让读者掌握 Word 2016 所提供的强大、便捷的表格制作和编辑功能；在 Word 2016 中插入、修改表格，添加文字，设置格式和制作封面等技能。

5.2　项目内容

本项目主要讲解插入表格、修改表格、添加文字、设置表格的格式、制作封面等的方法。个人简历表效果如图 5 – 1 所示。

图 5 – 1　个人简历表效果

5.3　方案设计

5.3.1　总体设计

在页面合适的位置上创建表格，对表格的框线以及背景加以设置，对单元格进行适当的拆分和合并，再将个人信息填写到表格中，最后制作个人简历表的封面。

5.3.2　任务分解

本项目可分解为如下 5 个任务：

任务 1——插入表格；

任务 2——修改表格；

任务 3——添加文字；

任务 4——设置表格的格式；

任务 5——制作个人简历表的封面。

5.3.3　知识准备

（1）边框：标示行和列以及表格范围的线。边框与虚框是不同的概念，在创建表格时看到的是虚框而不是边框，虚框可以被显示或隐藏。在创建表格后可以设置边框的样式。

（2）单元格：由工作表或表格中交叉的行与列形成的框，可在该框中输入信息。

（3）虚框：虚框构成单元格的边框，且不能打印。虚框可以表示行和列的范围。在为表格设置格式并加上边框以前，边框标示行和列的具体位置，在有边框的表格中，虚框会被边框覆盖。

（4）标题行：标题行位于表格顶部，用来描述相应的列。

（5）行标签：表格首列中的各个条目，用来描述每一行的内容。

（6）选定：

①选定一个单元格：把鼠标指针放在要选定表格的左侧边框附近，鼠标指针变为斜向右上的实心箭头，这时单击鼠标左键可以选定相应单元格。

②选定行或多行：移动鼠标指针到表格该行左侧，鼠标指针变为斜向右上的空心箭头，单击鼠标左键则选中该行。此时再上下拖动鼠标就可以选中多行。

③选定一列或多列：移动鼠标指针到表格该列顶端，鼠标指针变为竖直向下的实心箭头，单击鼠标左键则选中该列。此时再左右拖动鼠标就可以选中多列。

④选中多个单元格：按住鼠标左键在所要选中的单元格上拖动可以选中顺序排列的单元格。如果需要选择分散的单元格，则单击需要选中的第一个单元格、行或列，按住 Ctrl 键再单击下一个单元格、行或列。

⑤选中整个表格：将鼠标划过表格，表格左上角将出现表格移动控点"⊞"，单击该控点，或者直接按住鼠标左键，拖过整张表格，即选中整张表格。

（7）插入行和列：

在表格中，选择待插入位置的行（或列）。所插入行（或列）必须要在所选行（或列）的上、下（或左、右）。然后选择"表格"→"插入"→"行（在上方）""行（在下方）"［或者"列（在左侧）""列（在右侧）"］选项。

（8）删除行和列：

在表格中选择要删除的行或列，然后选择"表格"→"删除"→"行"或者"列"选项即可。

5.4　方案实现

5.4.1　任务1——插入表格

1. 任务描述

制作个人简历表，通过表格把文字信息组织起来。制作个人简历表首先应在文档中创建表格。

2. 操作步骤

（1）选择 Word 2016 文档中光标闪烁位置，确定创建表格的位置，建议选择第二行光标闪烁位置（没有第二行，可按 Enter 键换行）。

（2）选择"插入"→"表格"选项，如图 5-2 所示，单击"插入表格"按钮，打开图 5-3 所示的"插入表格"对话框，在"表格尺寸"区域相应的位置输入需要的行数"14"和列数"3"，然后单击"确定"按钮。

图 5-2　"插入表格"按钮

图 5 – 3　"插入表格"对话框

5.4.2　任务 2——修改表格

1. 任务描述

个人简历表应有自身独特的形式，因此用户常常需要修改，以使其更符合要求；另外由于实际情况的变化，也需要对表格进行一定的修改。

2. 操作步骤

（1）单击表格左上角十字星按钮，选定整个表格，在表格任意位置单击鼠标右键，选择"表格属性"选项，打开图 5 – 4 所示的"表格属性"对话框。

（2）在"行"选项卡的"指定高度"栏中输入"1.5 厘米"，然后单击"确定"按钮。效果如图 5 – 5 所示。

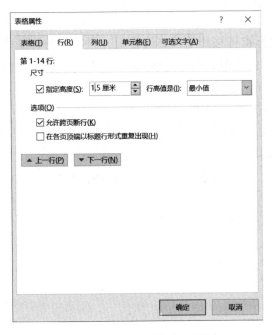

图 5 – 4　"表格属性"对话框

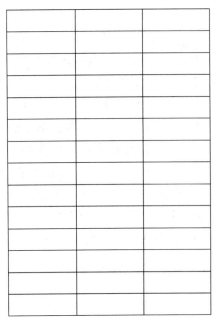

图 5 – 5　指定行高后的表格

（3）选定第一行，选择"表格工具布局"选项卡→"合并单元格"选项，用类似的操作参照样图将相应的单元格合并，如图5-6所示。

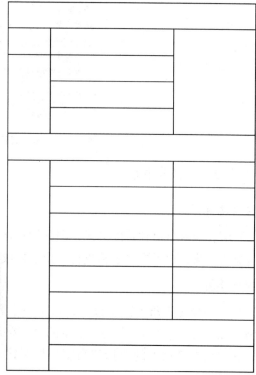

图5-6　"合并单元格"选项及合并后的表格

（4）选定想要调整列宽的单元格，将鼠标指针移到单元格边框上，当鼠标指针变成 时，按住鼠标左键，出现一条垂直的虚线表示改变单元格的大小，再按住鼠标左键向左或右拖动，即可改变表格的列宽。效果如图5-7所示。

（5）重复步骤（4）的操作，将表格调整为图5-8所示。

（6）选定第二行第二列的单元格，选择"表格工具布局"选项卡→"拆分单元格"选项，弹出"拆分单元格"对话框，如图5-9所示。

（7）在"拆分单元格"对话框的"列数"和"行数"栏中填入相应的数字，然后单击"确定"按钮，效果如图5-10所示。

（8）重复步骤（7）将表格调整为图5-11所示。

（9）调整单元格的宽度，如图5-12所示。

5.4.3　任务3——添加文字

1. 任务描述

个人简历表必须包含一定的内容才有意义，前面介绍了创建表格的方法，现在介绍如何在表格中输入文字信息。

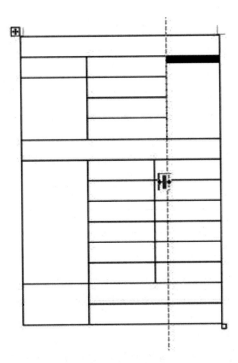

图 5 - 7　调整表格的列宽

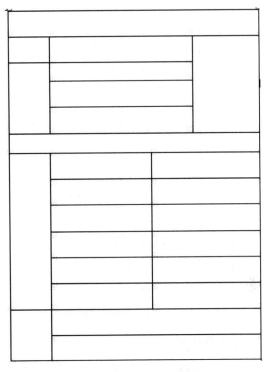

图 5 - 8　调整列宽后的表格

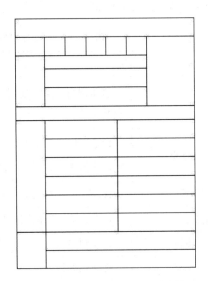

图 5 - 9　"拆分单元格"对话框

图 5 - 10　拆分单元格后的表格

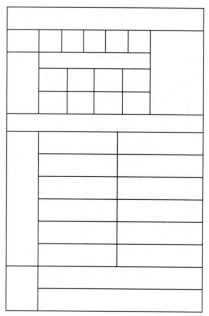

图 5－11　全部拆分完的表格

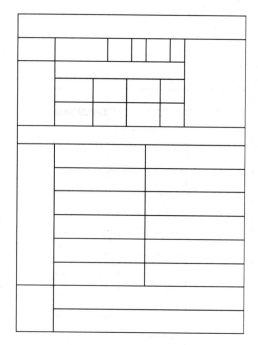

图 5－12　调整单元格的宽度

2. 操作步骤

在表格中输入文本和在文档中的其他地方输入文本一样，首先要选择需要输入文本的单元格，把鼠标光标移动到相应的位置后就可以直接输入任意长度的文本。用鼠标选定位置比较方便，采用一定的快捷方式，可有效提高个人简历表的制作效率。使鼠标光标在表格中移动的快捷方式如表 5－1 所示。

表 5－1　使鼠标光标在表格中移动的快捷方式

按键	动作
Tab	移动到后一单元格（如果鼠标光标位于表格的最后一个单元格时按下，将会自动添加一行）
Shift + Tab	移动到同行中的前一列（如果鼠标光标位于除第一行以外的其他行的第一列中，使用该组合键后，光标移动到上一行的最后一个单元格）
上箭头	移动到上一行的同一列
下箭头	移动到下一行的同一列
Alt + Home	移动到本行的第一个单元格
Alt + End	移动到本行的最后一个单元格
Alt + PageUp	移动到本列的第一个单元格
Alt + PageDown	移动到本列的最后一个单元格

在表格中输入相应的文字后，适当调整表格的列宽，效果如图 5 – 13 所示。

个人简历一览表						
姓名		性别		年龄		
地址	通信地址：				照片	
	邮政编码		电子邮件			
	电话		传真			
应聘岗位	□教学		□科研	□管理	□服务	
所受教育程度	时间			学校		
掌握外语种类以及计算机使用程度	□英语	□日语		□法语	□其它	
	▓▓计算机的一般操作　▓▓具有编程能力 ▓▓熟悉网页制作　▓▓熟悉 Oracle 数据库					

图 5 – 13　输入完文字的表格

5.4.4　任务4——设置表格的格式

1. 任务描述

在创建完表格后还需要进一步对边框、颜色、字体以及文本对齐方式等进行一定的设置，以美化表格，使表格内容更加清晰。

2. 操作步骤

（1）选定"性别""年龄""照片""地址""所受教育程度"单元格，单击鼠标右键，选择"文字方向"选项，弹出"文字方向 – 表格单元格"对话框，选择好文字方向后，单击"确定"按钮，如图 5 – 14 所示。

图 5 – 14 "文字方向 – 表格单元格"对话框

（2）设置表格中文字的字体，设置第一行文字为"隶书，二号，加粗"，设置其余文字为"宋体，四号"，效果如图 5 – 15 所示。

图 5 – 15 设置完字体的表格

（3）选定除"通信地址"以外的所有单元格，单击"开始"→"段落"分组中的居中对齐按钮，如图 5 – 16 所示。

图 5 – 16 设置单元格中文字居中

（4）选定整个表格，在"表格工具设计"选项卡中，设置"双线"和"1.5 磅粗细"，单击边框小三角按钮，选择"外侧框线"选项，效果如图 5 – 17 所示。

（5）选定第一行，在"表格工具设计"选项卡中选择"底纹"→"白色，背景1，深色25%"选项，效果如图 5 – 18 所示。

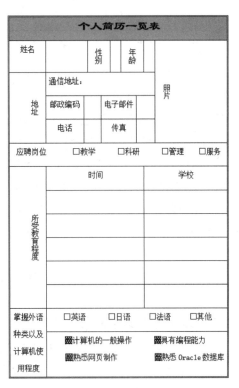

图 5 – 17　设置外侧框线　　　　　　　图 5 – 18　设置底纹颜色

5.4.5 任务5——制作个人简历表的封面

1. 任务描述

精美的个人简历表封面有积极的宣传作用。

2. 操作步骤

（1）在个人简历表的前一页中，选择"插入"→"图片"选项，找到图片所在路径，选择"校徽.bmp"及"校园.jpg"，将其插入页面中，如图5-19所示。

图5-19 "插入图片"对话框

（2）选择图片，在"图片工具格式"选项卡中，单击"环绕文字"下方的小三角按钮，将图片版式调整为"衬于文字下方"并调整位置，如图5-20所示。

（3）选择"插入"→"艺术字"选项，选择艺术字样式，输入"2010届优秀毕业生"并将字体设为"楷体"，将字号设为"40"。

（4）选择"插入"→"艺术字"选项，选择艺术字样式，输入"自荐书"并将字体设为"黑体"，将字号设为"40"。调整位置，如图5-21所示。

（5）在空白区域输入"学校:""姓名:""专业:""毕业时间:"，并将字体设为"华文行楷"，将字号设为"二号"，如图5-22所示。

5.5 知识拓展

手动绘制表格的步骤如下：

（1）在文档中选择欲创建表格的位置，将鼠标光标放置于插入点。

（2）选择"插入"→"表格"→"绘制表格"命令，如图5-23所示，可拖动鼠标绘制表格的边框、行、列。

图 5 - 20　插入图片

图 5 - 21　插入艺术字

图 5 - 22　输入个人信息

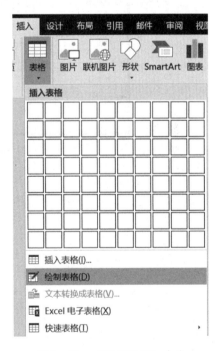

图 5 - 23　"绘制表格"命令

（3）此时鼠标指针变为笔形，可以自由使用表格功能，绘制各种形状的表格。

（4）确定表格的外围边框。可以先绘制一个矩形，在选中位置的左上角按下鼠标左键，然后向右下方拖动，到达合适位置时松开鼠标左键，即在选定位置出现一个矩形框。

（5）绘制表格边框内的各行各列。在需要画线的位置按下鼠标左键，此时鼠标指针变为笔形。水平、竖直移动鼠标。在移动过程中系统可以自动识别要画线的方向。松开鼠标左键则自动绘制出相应的行和列。如果要画斜线，则从表格的左上角开始向右下方移动，待系统识别出方向后，松开鼠标左键即可。

（6）如果在绘制过程中不小心绘制了不必要的线条，可以单击"表格工具布局"选项卡中的"橡皮擦"按钮，此时鼠标指针变成橡皮形状，将鼠标指针移到要擦除的线条上按下鼠标左键，系统会自动识别，松开鼠标左键，则会自动删除该线条。

5.6 技 能 训 练

制作"××××单位人事档案卡"，如图5-24所示。

×××× 单位人事档案卡

姓名		性别		健康状况	
出生年月		民族		政治面貌	
联系人及电话					
通信地址及邮编					
现（或曾）工作单位					
现从事专业		现任职务		技术职称	有何专长
文化程度	毕业院校				
	毕业时间		学制		
	最高学历		外语及程度		
工作简历					
备注					

图5-24 "××××单位人事档案卡"

项目六

海报制作

6.1 项目目标

本项目的主要目标是让读者掌握 Word 2016 的页面设置、图片插入、文字输入、分栏、边框、个性化页脚和水印设置等的技巧；熟悉海报制作的基本要素，即创意、插图、文案和版式；了解海报的创意表现技巧，即突出特征、运用联想、借用比喻、对比衬托、以情托物和夸张等手法。

6.2 项目内容

本项目主要讲解设置页面、插入背景图片、分栏调整版面、制作边框、输入个性化页脚、加入水印等内容。绘画比赛的海报效果如图 6 - 1 所示。读者在学习完本项目后可制作有创意的海报。

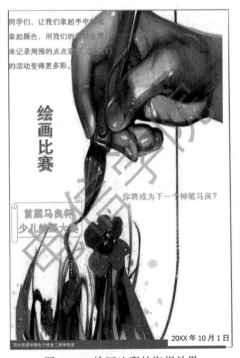

图 6 - 1 绘画比赛的海报效果

6.3 方案设计

6.3.1 总体设计

新建一个空白文档，按照海报的尺寸要求布局页面，插入图片作为海报背景图案，输入海报的文案，并对输入的文案信息进行格式设置。

6.3.2 任务分解

本项目可分解为如下 7 个任务：

任务 1——设置页面；

任务 2——插入背景图片；

任务 3——输入文案信息；

任务 4——分栏调整海报版面；

任务 5——制作边框；

任务 6——插入个性化页脚；

任务 7——加入水印。

6.3.3 知识准备

1. 分栏

所谓分栏，是指将文档的版面划分为若干栏。横排文档的栏是由上而下垂直划分的，每一栏的宽度相等。一个版面按栏数分版是固定的。这种相对固定的、宽度相同的栏称为基本栏。报纸都有相对固定的分栏制，依据是否有利于读者阅读、是否有利于表现报纸的特点。

将文档分成两栏或多栏，是文档编辑的一个基本方法，一般用于排版。分栏设置如图 6-2所示。

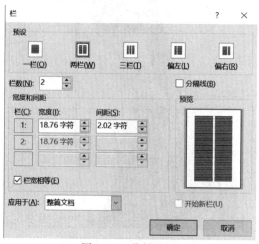

图 6-2 分栏设置

2. 页面布局

页面布局是指对页面中的文字、图形或表格进行格式设置，包括字体、字号、颜色、纸张大小和方向以及页边距的设置等。

6.4 方案实现

6.4.1 任务1——设置页面

1. 任务描述

设置页面是文档的基本排版操作，是页面格式化的主要任务，它反映的是文档中具有相同内容、格式的设置，所以在文档的段落、字符等排版之前设置页面。

页面设置的合理与否直接关系到海报的打印效果。文档的页面设置主要包括设置页面的大小、方向、边框效果、页眉、页脚和页边距等。在排版的过程中，也可以根据需要对文档的各个部分灵活地设置不同的效果，例如分栏操作。

页边距是页面四周的空白区域，也就是正文与页边界的距离。整个页面的大小在选择纸张后已经固定，然后确定正文所占区域的大小，之后就可以设置正文与四边页边界的间距。通常情况下，可在页边距内部的可打印区域插入文字和图形。也可以将某些项目放置在页边距区域中，如页眉、页脚和页码等。

2. 操作步骤

（1）选择"文件"→"新建"→"空白文档"选项，单击"创建"按钮建立新的空白文档（也可在所建文件位置，用鼠标右键新建文档），重命名为"绘画比赛海报"。

（2）选择"页面布局"→"纸张大小"→"A4"选项，如图6-3所示。将"纸张方向"设为"纵向"，如图6-4所示。

（3）选择"页边距"→"自定义边距"选项，将上、下、左、右页边距分别设为2.25厘米、2.25厘米、2.15厘米、2.15厘米，如图6-5所示。

6.4.2 任务2——插入背景图片

1. 任务描述

页面设置好之后，应在页眉处插入背景图片。

2. 操作步骤

（1）双击页眉所在位置，选择"插入"→"图片"选项，从素材库中选中所需的背景图片，如图6-6所示。

（2）选中页眉中插入的背景图片，选择"环绕文字"→"衬于文字下方"选项，如图6-7所示，调整图片大小，使其充满整个版面并删除页眉自动添加的下画线，如图6-8所示。

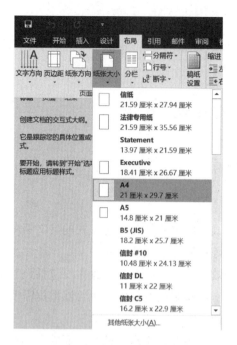

图6-3　设置纸张大小

图6-4　设置纸张方向

图6-5　设置页边距

图6-6　插入图片

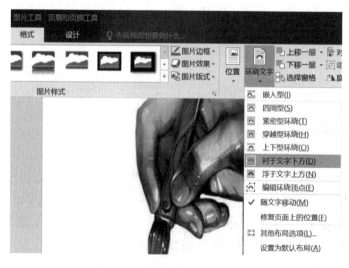

图6-7　背景图片衬于文字下方

图6-8　背景界面效果

6.4.3 任务3——输入文案信息

1. 任务描述

背景图片设置好之后，可根据背景图片的特点，输入海报的创意文案，并进行格式设置。

2. 操作步骤

（1）选择"插入"→"文本框"→"绘制文本框"命令，如图6-9所示。

（2）在文本框中输入文字"20××年10月1日"，字体为宋体，字号为小三，调整合适的文本框大小，选择"绘图工具格式"→"形状轮廓"→"无轮廓"选项，进行文本框设置，如图6-10所示，文本框文字显示效果如图6-11所示。

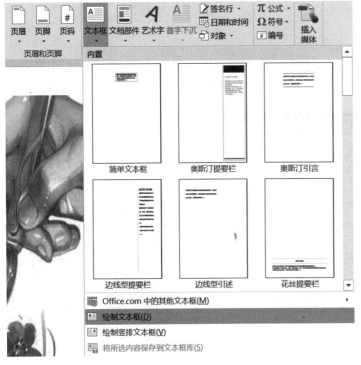

图6-9 绘制文本框

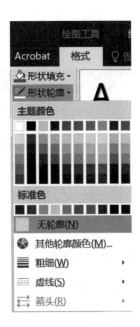

图6-10 设置文本框

图6-11 文本框文字显示效果

（3）选择"插入"→"艺术字"选项，插入艺术字"绘画比赛"，如图6-12所示。

（4）选择"绘画比赛"艺术字，选择"绘图工具格式"→"文字方向"→"垂直"选项，并调整至合适位置，如图 6 - 13 所示。

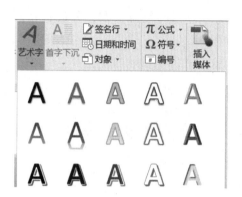

图 6 - 12　插入艺术字

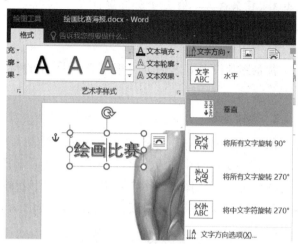

图 6 - 13　设置艺术字方向

（5）选择"插入"→"形状"→"星与旗帜"→"横卷形"选项，如图 6 - 14 所示。

（6）在横卷形图形中插入艺术字"首届马良杯少儿绘画大赛"，如图 6 - 15 所示。

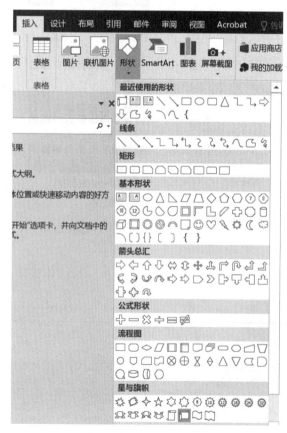

图 6 - 14　插入横卷形图形

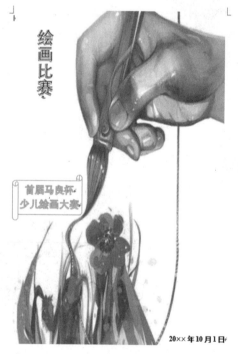

图 6 - 15　在横卷形图形中插入艺术字

6.4.4 任务4——分栏调整海报版面

1. 任务描述

将海报中需要展示的文字信息全部输入进去，即可设置分栏效果。

2. 操作步骤

（1）在海报排版中，可分栏调整海报版面，如图6-16所示。

（2）输入文字"同学们，让我们拿起手中的笔，拿起颜色，用我们的童话世界，来记录周围的点点滴滴，让我们的活动变得更多彩。"将鼠标光标置于文字尾部，选择"布局"→"分栏"→"两栏"选项，如图6-17所示。

（3）本项目采用两栏分栏，也可选择"更多分栏"选项，如图6-18所示。

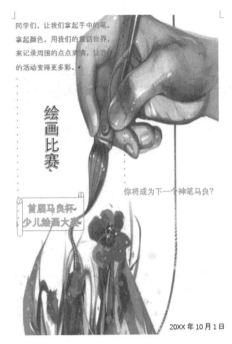

图6-16 分栏调整海报效果

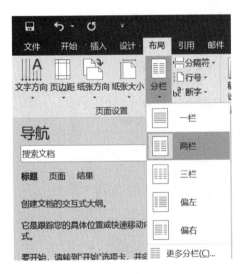

图6-17 分栏设置

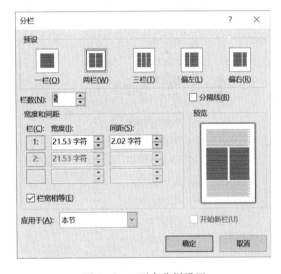

图6-18 更多分栏设置

6.4.5 任务5——制作边框

1. 任务描述

当海报基本设置完成时，为了让海报更加精美，在海报中加入边框，可以通过直线绘制海报四周的边框。

2. 操作步骤

（1）选择"插入"→"形状"→"线条"→"直线"选项，如图6-19所示。

（2）依此类推，通过直线绘制海报四周边缘位置的边框，如图6-20所示。注意 Word 2016 提供的系统辅助线（绿线）可有效提高画矩形边框的效率。

图6-19　插入直线 　　　　　　　　　　图6-20　用直线绘制边框效果

（3）分别选中所画的矩形线条，在线条上单击鼠标右键，选择"设置形状格式"命令，如图6-21所示，弹出设置形状格式的具体参数，如图6-22所示，这里将线条宽度设置为2磅。

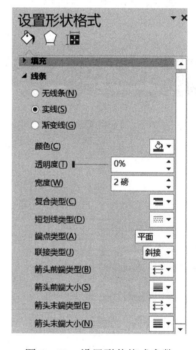

图6-21　"设置形状格式"命令 　　　　　图6-22　设置形状格式参数

6.4.6　任务6——插入个性化页脚

1. 任务描述

完成以上操作后，绘画比赛海报基本完成，接下来可插入个性化页脚，例如插入离子

（深色）效果的页脚。本项目不作硬性规定，读者可自主设计页脚效果。

2. 操作步骤

双击页脚位置，进入页脚编辑环境，选择"插入"→"页脚"命令，从页脚效果中挑选"离子（深色）"效果，如图6-23所示。

由于海报制作的基本要素包含创意、插图、文案和版式，读者应该充分发挥自主创新意识，在完成基本操作的同时，提出自己的海报设计创意，因此本项目不作硬性规定，读者也可插入空白页脚，自主设计页脚显示效果。

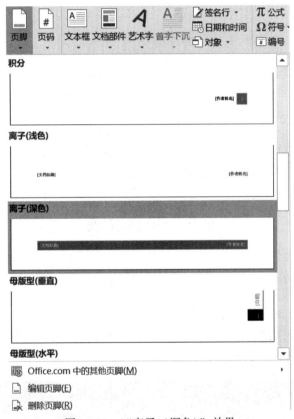

图6-23 "离子（深色）"效果

6.4.7 任务7——加入水印

1. 任务描述

水印是显示在文档文本后面的文字或图片。它们可以增加趣味或标识文档的状态。在绘画比赛海报基本设置完成后，可插入水印。

2. 操作步骤

（1）选择"设计"→"水印"→"自定义水印"命令，打开"水印"对话框，如图6-24所示。

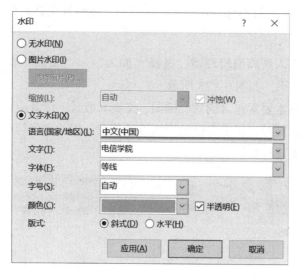

图 6 - 24　"水印"对话框

（2）选择"文字水印"单选按钮，在"文字"文本框中输入"电信学院"，然后单击"确定"按钮。绘画比赛海报最终效果如图 6 - 1 所示。

6.5　知识拓展

6.5.1　输入汉语拼音

（1）在 Word 2016 文档窗口输入文字"中华人民共和国"。

（2）选中"中华人民共和国"文字，选择"开始"→"拼音指南"选项，如图 6 - 25 所示，弹出"拼音指南"对话框，如图 6 - 26 所示。

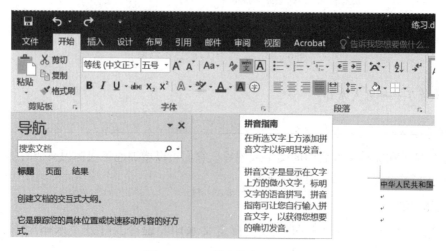

图 6 - 25　"拼音指南"选项

图 6 – 26 "拼音指南"对话框

（3）在"拼音指南"对话框中，将"字号"设为"10 磅"，然后单击"确定"按钮，添加拼音效果的文字如图 6 – 27 所示。若给词添加拼音，需单击"组合"按钮。

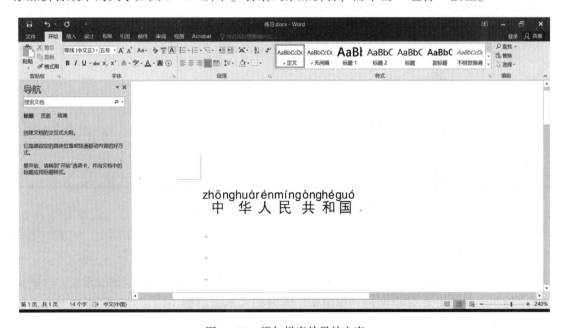

图 6 – 27 添加拼音效果的文字

（4）添加的拼音在文字的上方，若想将其移动到文字的后面，可选中文字后复制，单击鼠标右键，选择"粘贴选项"→"只保留文本"选项，如图6-28所示。

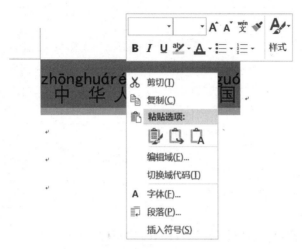

图6-28　"只保留文本"选项

拼音移动到文字右侧效果如图6-29所示。

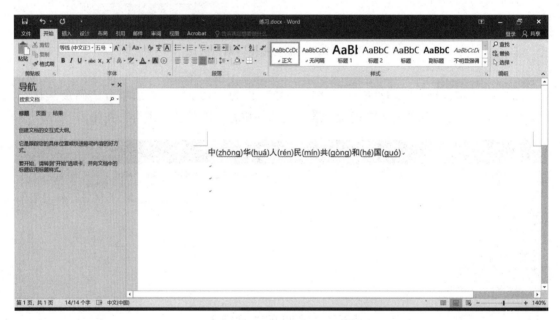

图6-29　拼音移动到文字右侧效果

6.5.2　设置页面

在长文档中经常要进行页眉、页脚，分节、分页，纸张大小，页边距等的设置，这些设置都是在"布局"功能区中进行，如图6-30所示。下面分别说明页边距、纸张方向、纸张大小的作用。

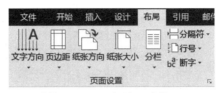

图 6 – 30　"布局"功能区

（1）"页边距"选项卡如图 6 – 31 所示。页边距是指文档正文与纸张边缘的距离。它设定页面内正文的位置范围，只有在"页面视图"模式下才能查看页边距。

"装订线位置"选项用于设置在页边添加装订线的位置。

"纸张方向"选项用于设置纸张的方向。

"预览"选项用于选择设置的应用范围，在个性化设置时可以设置各章节的页边距不同。

"设为默认值"按钮用于将页边距的参数恢复到默认设置。

（2）"纸张"选项卡如图 6 – 32 所示，用于设置纸张的大小。

图 6 – 31　"页边距"选项卡　　　　　图 6 – 32　"纸张"选项卡

（3）"版式"选项卡如图 6 – 33 所示。在这里可以设置节的起始位置等。这些将在后续案例中详细讲解。

（4）"文档网格"选项卡如图 6 – 34 所示。在"文字排列"区域，可设置文字是水平显示还是垂直显示。在"栏数"数值选择框中，可设置文档的栏数。

图 6-33 "版式"选项卡

图 6-34 "文档网格"选项卡

在"网格"区域，如果选择"无网格"单选按钮，则 Word 2016 根据文档内容自行设置每行字符数和每页行数；如果选择"指定行和字符网格"单选按钮，则在"每行"数值选择框中可设置每行所显示的字符数，在"每页"数值选择框中可设置每页所显示的行数。

在"预览"区域，可以查看设置的效果。在"应用于"下拉列表框中，选择"整篇文档"选项，表示页面设置应用于整个文档。单击"确定"按钮，文档使用新的页面设置。

6.6 技能训练

（1）制作简报，如图 6-35 所示。

（2）制作杂志，如图 6-36 所示。

图 6-35 简报

图 6-36 杂志

项目七

论文排版

7.1　项目目标

本项目的主要目标是让读者掌握 Word 2016 的页面设置、分节、标题、目录、页眉、页脚和自动更新等的基本操作技能；熟悉毕业设计论文的五大构成要素，即封面、中文摘要、英文摘要、目录和正文。

7.2　项目内容

本项目主要讲解论文排版的页面设置，论文各部分的分节显示设置，一、二、三级标题设置，目录自动生成和更新，页眉和页脚设置等内容。毕业设计论文排版缩放效果如图 7 - 1 所示。

图 7 - 1　毕业设计论文排版缩放效果

7.3 方案设计

7.3.1 总体设计

针对上面所列的问题和毕业设计论文撰写规定，本项目采用一级标题、二级标题、三级标题及正文的编排方式，结合 Word 2016 软件自带的标题设置功能，迅速地完成对各个标题的设置，为后期目录自动生成等操作提供方便。

本项目首先对论文中的各个组成部分进行分节显示，其次对各个章节的标题进行设置，并生成论文目录。设置文档的页眉、页脚，页眉部分利用 Word 2016 提供的文档部件功能进行自动提取生成。当修改论文内容时，页眉、页脚、目录自动更新。

7.3.2 任务分解

本项目可分解为如下 7 个任务：

任务 1——设置页面；

任务 2——设置论文各部分分节显示；

任务 3——设置一级标题、二级标题和三级标题；

任务 4——生成目录；

任务 5——设置页眉；

任务 6——设置页脚；

任务 7——修改内容使页眉、页脚、目录自动更新。

7.3.3 知识准备

1. 导航窗格

导航窗格是显示文档标题大纲，方便快速跳转目标段落的窗口或导航栏。导航窗格主要用于显示 Word 2016 文档的标题大纲，单击"文档结构图"中的标题可以展开或收缩下一级标题，并且可以快速定位到标题对应的正文内容，还可以显示 Word 2016 文档的缩略图。勾选或取消勾选"导航窗格"复选框可以显示或隐藏导航窗格，如图 7-2 所示。

图 7-2 导航窗格

2. 页眉、页脚

页眉是文档中每个页面的顶部区域，常用于显示文档的附加信息。可以在页眉中插入时间、公司徽标、文档标题、文件名或作者姓名等。

页脚是文档中每个页面的底部区域，常用于显示文档的附加信息。可以在页脚中插入如页码、日期、公司徽标、文档标题、文件名或作者姓名等。

3. 域

域是引导 Word2016 在文档中自动插入文字、图形、页码或其他信息的一组代码。

使用域可以实现许多复杂的工作，主要有：自动编页码，插入图表的题注、脚注、尾注的号码；按不同格式插入日期和时间；通过链接与引用在活动文档中插入其他文档的部分或整体；无须重新键入即可使文字保持最新状态；自动创建目录、关键词索引、图表目录；插入文档属性信息；实现邮件的自动合并与打印；执行加、减及其他数学运算；创建数学公式；调整文字位置等。

7.4　方案实现

7.4.1　任务1——设置页面

1. 任务描述

毕业设计论文的格式一般有非常严格的页面要求，素材所提供的毕业设计论文的页面使用默认设置，下面对该文档进行页面设置，这个文档即成为毕业设计论文的主文档，经过不断地修改和添加内容，最终完成毕业设计论文电子文档。为了不破坏原素材，建议另存一个文件并命名为"毕业设计论文.docx"。

2. 操作步骤

（1）打开文件"毕业设计论文.docx"，单击"布局"→"页面设置"分组右下方的按钮，如图7-3所示。

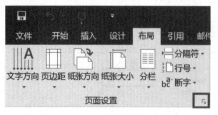

图7-3　"页面设置"分组

在"页面设置"对话框中，单击"版式"选项卡，勾选"页眉页脚"区域的"奇偶页不同"复选框，如图7-4所示。

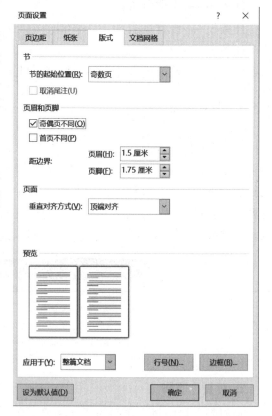

图7-4　"页面设置"对话框

（2）在"节的起始位置"下拉列表中选择"奇数页"选项，设置结果是对各章分节时，每章的首页都从奇数页开始。

（3）在"应用于"下拉列表中选择"整篇文档"选项，也就是说，"奇偶页不同"等设置适用于整篇文档。

（4）单击"确定"按钮，这时页面设置基本完成。

7.4.2　任务2——设置论文各部分分节显示

1. 任务描述

毕业设计论文的封面、摘要、目录以及正文各章都要采用分节方式显示，这是设置页眉页脚奇偶页不同、页眉自动提取的基础。

2. 操作步骤

在封面后选择"布局"→"分隔符"选项，在出现的对话框中选择"分节符"→"奇数页"选项，如图7–5所示。同理，在摘要、Abstract及目录后执行同样的操作。

注意设置插入点光标位于每部分的最前面或者每部分的最后面。如果需要查看插入的分节符，则需单击"显示/隐藏编辑标记"按钮，如图7–6所示。在"打印预览"视图中可以看见封面、摘要、Abstract和目录后跟空白页，如图7–7所示，但在正常编辑环境下，文档并不显示跟空白页。

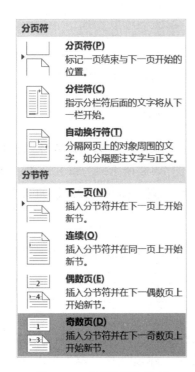

图7–5　"奇数页"选项

图7–6　"显示/隐藏编辑标记"按钮

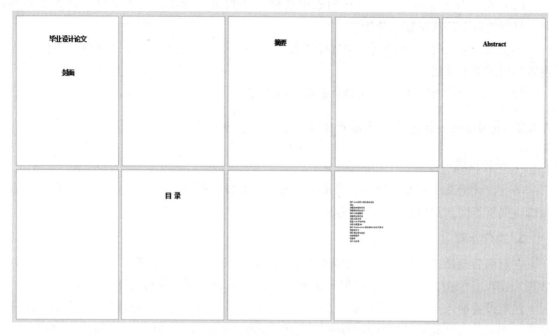

图7-7　封面、摘要、Abstract、目录后跟空白页

7.4.3　任务3——设置一级标题、二级标题和三级标题

1. 任务描述

Word 2016 自带一级、二级、三级标题设置，可直接使用，迅速将论文章节按一级、二级、三级设定，为后期自动生成目录等操作提供方便。

2. 操作步骤

任务2完成之后，最后一页包含毕业设计题目、一级章名、二级节名和三级节名。选中毕业设计题目，设置为一级标题居中。系统自带一级标题如图7-8所示。为章名设置一级标题，为区分二级节名和三级节名，分别设置二级标题和三级标题，标题设置效果如图7-8所示。

图7-8　系统自带一级标题

本素材不包含正文内容，注意在设置每个章名和节名之前，先在各个章名和节名前按Enter 键，用换行代表正文内容，为了能够看到更明显的效果，建议每章内容不少于2页，最后打开"视图"功能区中的"导航"窗格，如图7-9所示。撰写论文时可通过单击"导航"窗格中的章节名进入正文对应位置，进行论文修改。

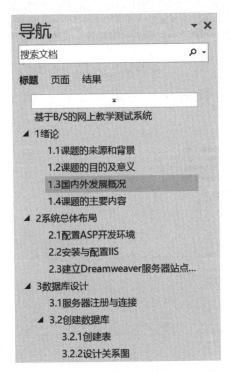

图 7-9　标题设置效果

由于毕业设计论文要求每章从奇数页开始，因此在每章末尾处插入"分节符（奇数页）"，操作过程与任务 2 一致。在每章末尾处插入"分节符（奇数页）"后，打印预览时，如果某章正文有奇数页，则该章尾部自动添加一个偶数页。

7.4.4　任务4——生成目录

1. 任务描述

设置章节名后，系统可以自动提取和生成目录。

2. 操作步骤

（1）单击素材的"目录"二字之后，选择好放置目录的位置，选择"引用"→"目录"→"自定义目录"选项，如图 7-10 所示。

（2）在出现的"目录"对话框中设置目录的样式，在"常规"区域设置"格式"为"正式"，"显示级别"为"3 级"。单击"确定"按钮，即可自动生成目录，如图 7-11 所示。

（3）对目录进行格式设置等操作，生成目录效果如图 7-12 所示，注意这里页码显示仍然不正确，可最后更新目录。

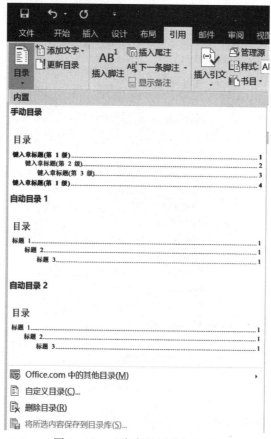

图 7 - 10　"自定义目录"选项

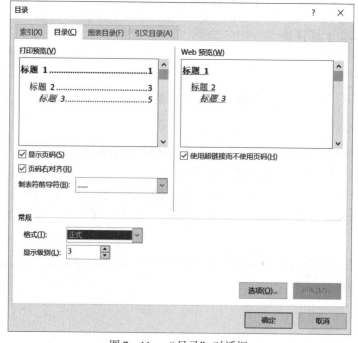

图 7 - 11　"目录"对话框

目　录

基于 B/S 的网上教学测试系统 3

1 绪论 3

1.1 课题的来源和背景 3
1.2 课题的目的及意义 3
1.3 国内外发展概况 3
1.4 课题的主要内容 3

2 系统总体布局 3

2.1 配置 ASP 开发环境 3
2.2 安装与配置 IIS 3
2.3 建立 DREAMWEAVER 服务器站点并进行测试 3

3 数据库设计 3

3.1 服务器注册与连接 3
3.2 创建数据库 3
3.2.1 创建表 3
3.2.2 设计关系图 3

图 7－12　生成目录效果

7.4.5　任务 5——设置页眉

1. 任务描述

按照一般毕业设计论文的要求设置页眉，即偶数页页眉为“××××大学（学院）毕业设计”，奇数页页眉为各章名称。

2. 操作步骤

（1）双击页眉位置或者插入页眉，进入页眉编辑环境，并按照要求把默认的页眉横线删除。打开“样式”窗格，找到页眉样式，如图 7－13 所示，单击鼠标右键，选择“修改”命令，弹出“修改样式”对话框，如图 7－14 所示。

在“修改样式”对话框中，单击“格式”按钮，选择“边框”选项，在出现的“边框和底纹”对话框中将横线删除即可，如图 7－15 所示。

（2）页眉的设置采用“自顶向下”的设计方案，封面、摘要、Abstract、目录都不需要设置页眉，直接定位在毕业设计论文第一章的页眉部分，如图 7－16 所示。

这时设置的是该节的奇数页页眉，在设置之前一定要把“链接到前一条页眉”的灰色亮条去掉，即从这一节开始，奇数页页眉与前一节不同。按要求插入章名称，让页眉右对齐，放置插入点到页眉的右边，选择“页眉页脚工具设计”→“文档部件”→“域”选项，如图 7－17 所示。

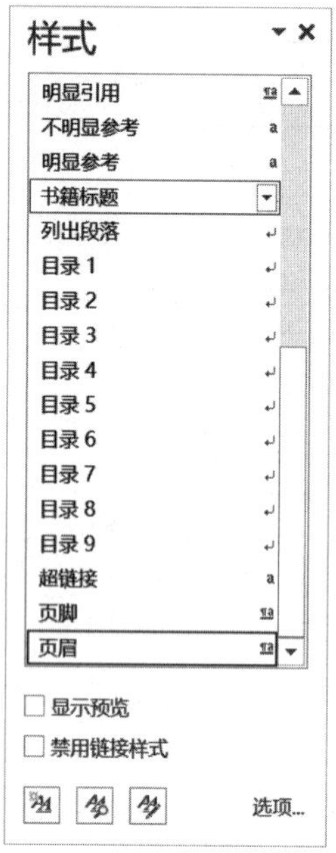

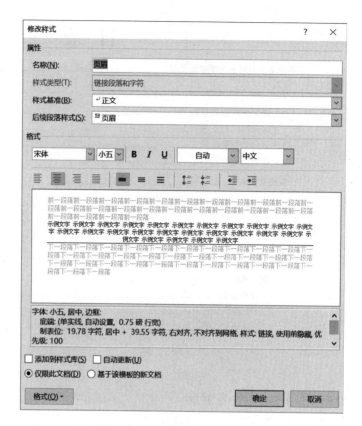

图 7 - 13　修改页眉

图 7 - 14　"修改样式"对话框

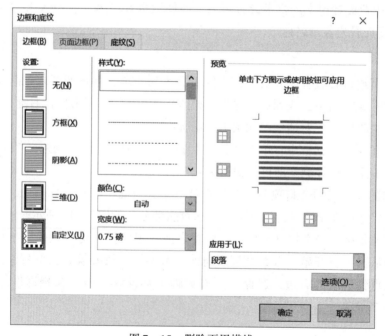

图 7 - 15　删除页眉横线

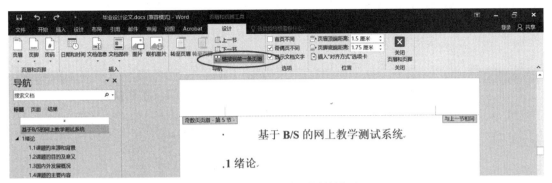

图 7 - 16 论文正文页眉的设置

图 7 - 17 "域"选项

在弹出的对话框中从"类别"列表中选择"链接和引用"选项，然后从"域名"列表中选择"StyleRef"域，该域的功能是插入域属性标题 1，如图 7 - 18 所示。也可以在奇数页页眉，手动输入章名称，但这样在修改章节内容时其不会自动更新。

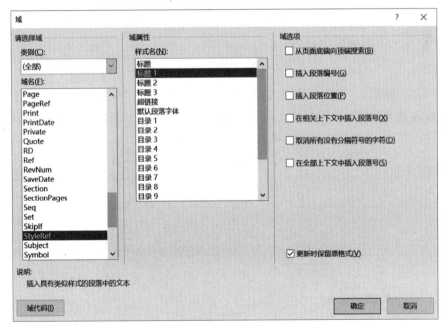

图 7 - 18 插入域页眉

完成以上操作之后，本项目素材中的第二章和第三章自动添加与章名称对应的页眉，页眉可根据章名称的变化自动更新，如图 7 – 19 所示。

2 系统总体布局

.2.1 配置 ASP 开发环境

图 7 – 19　奇数页页眉效果

（3）奇数页页眉设置好之后，移动鼠标光标到该节偶数页页眉上，同样首先去掉"链接到前一条页眉"的灰色亮条，再让页眉左对齐，输入"××××大学（学院）毕业设计"，如图 7 – 20 所示。

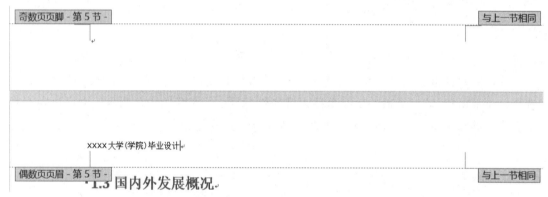

图 7 – 20　偶数页页眉设置

（4）查看各章的奇、偶数页页眉是否分别为章名称和"××××大学（学院）毕业设计"，会发现各节的页眉已自动生成，这是因为使用了"与上一节相同"的设置以及页眉自动提取章名称。第 3 章偶数页页眉效果如图 7 – 21 所示。

图 7 – 21　第 3 章偶数页页眉效果

7.4.6 任务6——设置页脚

1. 任务描述

按照毕业设计论文的格式要求，页码从正文第1章开始计数，封面、摘要、Abstract 不设页码，目录页码单独设置，格式另设。

2. 操作步骤

（1）设置好页眉之后，选择"页眉页脚工具设计"→"转至页脚"命令，如图7-22所示。

图7-22 "转至页脚"命令

（2）从文档的头部开始设置，封面、摘要、Abstract 的页眉、页脚不用设置，定位到目录节的页脚，取消"链接到前一条页眉"灰色亮条。开始设置目录节中的奇数页页脚，将鼠标光标居中放置（在"段落"分组中选择"居中对齐"命令即可）。

（3）选择"页码"→"设置页码格式"命令，设置"编号格式"为"Ⅰ，Ⅱ，Ⅲ…"；设置"页码编号"为"起始页码（A）：Ⅰ"，如图7-23所示。

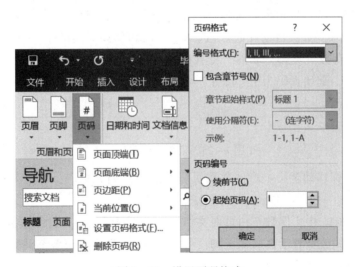

图7-23 设置页码格式

（4）页码格式设置完毕，选择"页码"→"当前位置"→"简单"→"普通数字"选项，如图7-24所示。

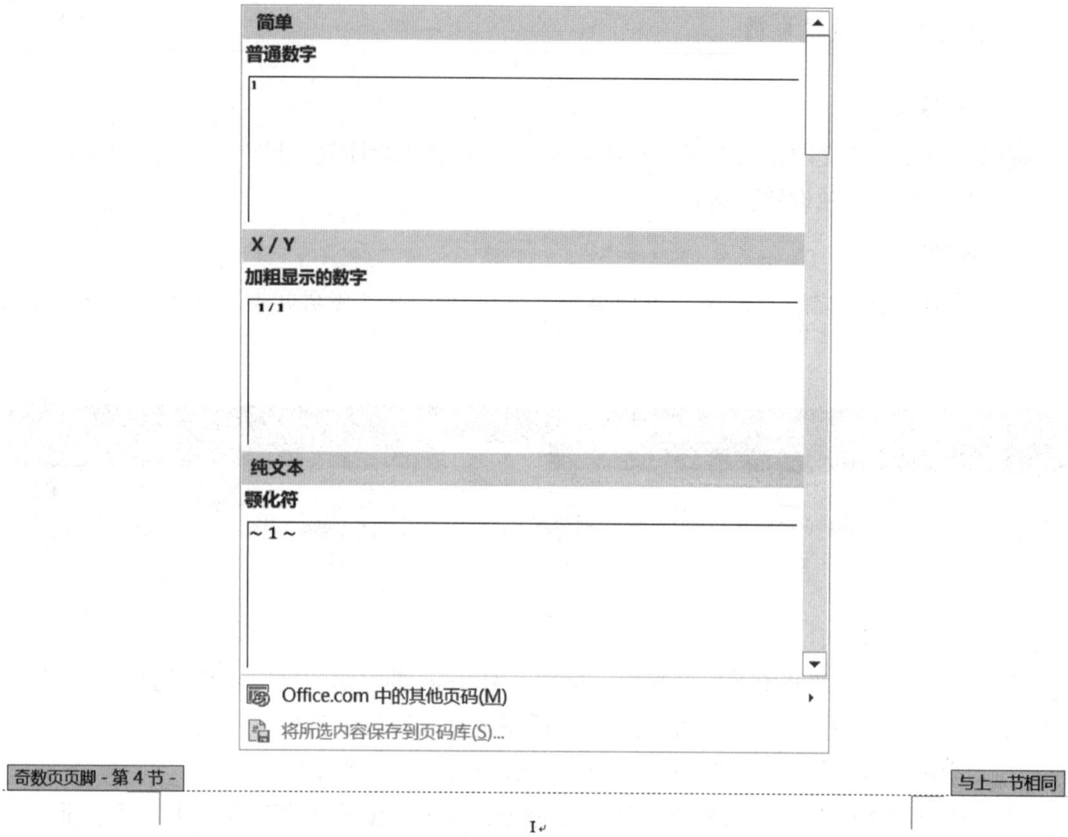

简单	▲
普通数字	
1	
X / Y	
加粗显示的数字	
1 / 1	
纯文本	
额化符	
~ 1 ~	▼

[Office.com 中的其他页码(M)]   ►
[将所选内容保存到页码库(S)…]

奇数页页脚 - 第 4 节 -   与上一节相同

I

图 7 - 24　目录奇数页插入页码效果

（5）插入页码之后，目录页的奇数页已插入"I"，系统自动计数，正文的第 1 页显示页码"3"（这里目录偶数页自动计数）。选择"页眉和页脚工具设计"→"下一节"选项，页脚跳转到第 1 章奇数页页脚，取消"链接到前一条页眉"的灰色亮条，然后设置页码格式为"1、2、3…"，起始页码为 1，如图 7 - 25 所示。

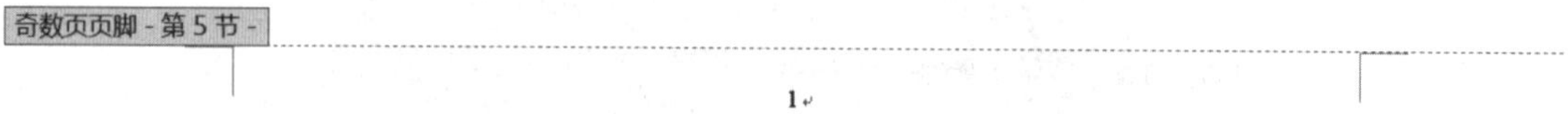

奇数页页脚 - 第 5 节 -

1

图 7 - 25　正文页码插入

（6）将鼠标光标移动至第 1 章偶数页页脚并居中，插入页码，即可为本章所有偶数页添加页码。

（7）在 Word 2016 中，偶数空白页在文档编辑中不显示，只在打印预览时显示，如果想让自动添加的空白偶数页显示页眉、页脚，可通过 Enter 键换行至各节偶数页。最后为防止操作有误，可检查其他章节是否有页码。

7.4.7　任务7——修改内容使页眉、页脚、目录自动更新

1. 任务描述

当毕业设计论文正文出现新章节，章名和节名有所变化，可更新整个目录，完成对目录

的修订；由于最先生成的目录没有页脚的页码设置，目录将从文档第1页开始计数，因此正文的页码显示不是从"1"开始，可通过更新页码完成对目录的更新。

2. 操作步骤

（1）在文档最后插入分节符奇数页，输入"4 模块设计"文字，并设置标题1居中，即可实现自动添加页眉、页脚，新加入章节效果如图7-26所示。

4 模块设计

4 模块设计

图7-26 新加入章节效果

（2）在目录上单击鼠标右键，在弹出的快捷菜单中选择"更新域"命令，在出现的对话框中选择"更新页码"或"更新整个目录"命令，对目录的内容和页码进行更新，更新整个目录效果如图7-27所示。

目·录

图7-27 更新整个目录效果

7.5 知识拓展

7.5.1 个性页眉、页脚设置

Word 2016 文档的页眉或页脚不仅支持文本内容，还可以在其中插入图片。例如可以在页眉或页脚中插入公司的 logo、单位的徽标、个人的标识等图片，使文档更加正规。

举例：标题以图片的形式出现在文档的侧边。

新建一个产品营销计划模板文档，设置以上效果：

（1）在模板中新建一个"基本营销计划"文档，选择"插入"→"页眉"→"编辑页眉"命令，进入页眉/页脚设计视图。在这里只为演示奇、偶页设置不同的图形水印。选择"插入"→"形状"选项，在左页边距处制作一个斜边矩形。

（2）插入一个纵向文本框，在页边斜边矩形处输入"［××××××产品］营销计划"，设置字体为宋体，字号为四号。

（3）接着设置偶数页，在右页边距处制作一个斜边矩形，使其形状与偶数页的斜边矩形同方向"镜像"：复制偶数页的斜边矩形，然后选择"绘图工具"→"旋转"→"水平翻转"命令。

（4）插入文本框，输入"［××××××产品］营销计划"。

奇、偶页个性化页眉的效果如图7－28所示。

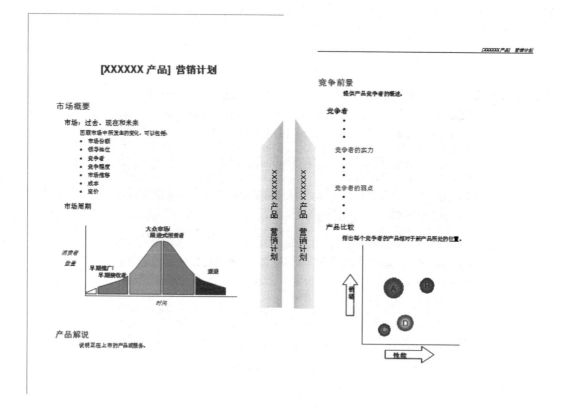

图7－28　奇、偶页个性化页眉的效果

7.5.2　修改和删除目录

在Word 2016中所创建的目录是以文档的内容为依据的。如果文档的内容发生了变化，例如改变了标题或者其所在的页，则需要更新目录，使它与文档的内容保持一致。Word 2016会自动完成这项工作。

在创建目录后，如果想改变目录的格式或者显示的标题数等内容，可以再执行一遍创建目录的操作，重新选择格式、显示级别等选项。在单击了"目录"选项卡中的"确定"按钮后，会出现图 7-29 所示对话框，询问是否替换选定的目录。如果单击"确定"按钮，那么 Word 2016 会用创建的目录替换原有的目录。

在文档的内容发生变化后，如果想更新目录以适应文档的变化，则在目录中的任意位置单击鼠标右键，在图 7-30 所示的快捷菜单中选择"更新域"命令，出现图 7-31 所示对话框，根据提示选择相应单选按钮，则 Word 2016 会更新目录。

图 7-29　询问是否替换原有的　　　图 7-30　"更新域"命令　　　图 7-31　更新目录选项
　　　　　　目录对话框

如果要删除目录，首先将鼠标指针移到要删除的目录第一行左边页面的空白处，待鼠标指针变为右上方的箭头后，单击鼠标左键，可选择目录的第 1 行，按 Delete 键，删除目录的第 1 行，同理可删除目录的任意行；如果要删除整个目录，则按以上操作，按住鼠标左键，自目录的第 1 行至尾行，选中整个目录，按 Delete 键，整个目录就会被删除。

7.6　技能训练

随意查找一篇网络论文，清除所有格式，删除网络论文中的分节符、页眉、页脚和目录，按照本项目的操作步骤，对其进行排版。要求如下：

（1）封面单独占一页，不设页码；

（2）自动生成目录，设置正文一、二、三级标题；

（3）设置页眉、页脚，按奇、偶页设置页眉：偶数页显示论文名称，奇数页显示一级标题；

（4）除封面外所有页设置页码。

项目八

学生成绩信息表制作

8.1 项目目标

本项目的主要目标是让读者掌握利用 Excel 2016 制作电子表格的方法；熟悉电子表格的美化流程；掌握电子表格打印输出的设置方法。

8.2 项目内容

本项目的主要内容是制作学生成绩信息表。学生成绩信息表主要用于存储和管理学生成绩的各种基本信息，并可以进行相关成绩的自动计算及相关格式设置，实现打印输出功能。学生成绩信息表效果如图 8-1 所示。

学生成绩信息表														
学号	姓名	所在学院	专业	籍贯	出生日期	联系电话	家庭住址	语文	数学	综合	生物	英语	入学总成绩	入学平均成绩
sy2019050001	张小明	电信学院	计算机科学	山西	1990年7月	029	晋中市	87	87	76	65	87	402	80.4
sy2019050002	王小虎	经贸学院	电商	陕西	1990年7月	029	西安市灞桥区	95	95	65	76	87	418	83.6
sy2019050003	赵大壮	机电学院	机制	陕西	1990年8月	02982601843	西安市灞桥区	76	87	76	76	95	410	82
sy2019050004	钱大拿	电信学院	电脑艺术	山西	1990年9月	02982601844	晋中市	65	65	87	95	65	377	75.4
sy2019050005	王小样	机电学院	机制	河南	1990年10月	02982601845	洛阳市	95	95	87	87	65	429	85.8
sy2019050006	李成强	电信学院	计算机科学	陕西	1990年11月	02982601846	西安市灞桥区	54	76	76	54	95	355	71
sy2019050007	王瑞峰	经贸学院	电商	山西	1990年12月	02982601847	晋中市	95	54	95	87	87	418	83.6
sy2019050008	牟小亮	电信学院	电信	河南	1991年1月	02982601848	洛阳市	76	76	54	54	87	347	69.4
sy2019050009	庄小强	机电学院	机制	陕西	1991年2月	02982601849	西安市灞桥区	69	76	69	69	95	378	75.6
sy2019050010	张文强	经贸学院	国商	山西	1991年3月	02982601850	晋中市	95	95	65	98	76	429	85.8

图 8-1 学生成绩信息表效果

8.3 方案设计

8.3.1 总体设计

首先建立工作簿文件，并在默认工作表中输入对应的数据，并对整体表格进行格式设置，美化工作表，删除多余工作表，给现有工作表重命名，关闭并保存工作簿文件，同时设置相应工作簿的安全性；然后对保存后的工作表进行页面设置，并按要求对工作表进行打印预览。

8.3.2　任务分解

本项目可分解为如下 8 个任务：

任务 1——新建及保存 Excel 2016 工作簿；

任务 2——输入数据；

任务 3——设置单元格格式；

任务 4——创建公式，自动计算学生成绩；

任务 5——设定条件格式；

任务 6——管理工作表；

任务 7——设置 Excel 常规选项；

任务 8——设置工作表的页面。

8.3.3　知识准备

1. 单元格

单元格就是工作表中的一个小方格，是存储数据的最小单位，由列标加行标标识每一个单元格名称。

2. 单元格区域

单元格区域是选择的多个单元格的总称。

字母 A1：D3 这种表示不正确，中间的冒号应该要英文冒号：A1：D3 表示 A1 到 D3 的矩形单元格区域。

3. 工作簿与工作表

工作簿是用来组织和管理工作表的文件（＊. xlsx），工作表就是一张表格（如 Sheet1 \ Sheet2……）是单元格的集合。

4. 网格线

在编辑区显示的单元格边框分隔参考线，是一种辅助线条。

5. 页边距

页边距是指页面四周的空白区域。通俗理解是打印内容到页边缘上、下、左、右的距离。

8.4　方案实现

8.4.1　任务 1——新建及保存 Excel 2016 工作簿

1. 任务描述

工作簿是 Excel 2016 创建的默认文件存储格式，扩展名为 ". xlsx"，建立的空白工作簿默认由 Sheet1 工作表组成。首先应该掌握工作簿的建立、命名、保存及安全设置方法。

2. 操作步骤

（1）在已安装 Office 2016 的计算机上，单击桌面左下角的"开始"菜单，选择"所有程序"子菜单，选择"Excel 2016"选项，如图 8 – 2 所示。

（2）启动 Excel 2016 后，默认打开一个空白 Excel 2016 工作簿，其由一张工作表 Sheet1 组成，默认定位在 Sheet1 工作表，此时可以输入数据，如图 8 – 2 所示。

图 8 – 2　新建及打开 Excel 2016 工作簿

（3）选择"文件"→"保存"命令，如图 8 – 3 所示。这是第一次保存工作簿文件，将会自动弹出"另存为"对话框。

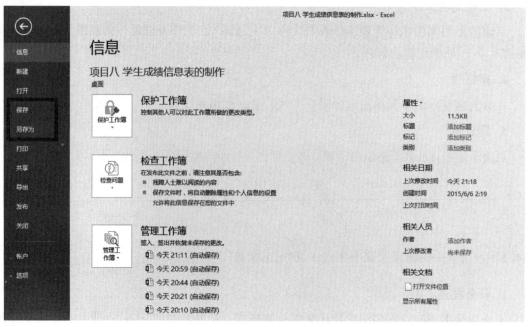

图 8 – 3　"保存"命令

（4）"另存为"对话框由文件位置、文件名、保存类型3部分组成，在顶部设置文件保存位置，通过下拉菜单选择工作簿文件的保存位置，这里选择 D 盘根目录；在"文件名"文本框中输入新工作簿的文件名"学生成绩信息表"；在"保存类型"下拉列表中选择"Excel 工作簿（＊.xlsx）"选项，如图8-4所示。

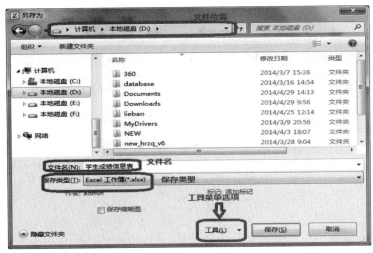

图8-4　"另存为"对话框

（5）如果要加强工作簿的安全性，可以通过设置工作簿的权限密码来加以保护。单击"另存为"对话框下方的"工具"→"常规选项"命令，弹出"常规选项"对话框（图8-5），在该对话框中的"打开权限密码"和"修改权限密码"文本框中输入新密码，单击"确定"按钮，此后再次打开该工作簿时会弹出对应输入密码对话框，密码输入正确才可访问工作簿。

（6）各项设置完成，单击"保存"按钮，完成工作簿的保存。

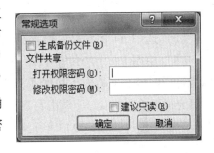

图8-5　"常规选项"对话框

8.4.2　任务2——输入数据

1. 任务描述

Excel 2016 允许用户在工作表的单元格中输入中、英文字符，数字，公式等数据。在工作表中输入数据，首先要选中单元格，然后直接通过键盘在单元格或编辑栏中输入内容。

2. 操作步骤

（1）单击选中单元格 A1，然后输入数据表标题"学生成绩信息表"。依次在 A3～O3 单元格中输入"学号""姓名""所在学院""专业""籍贯""出生日期""联系电话""家庭住址""语文""数学""综合""生物""英语""入学总成绩""入学平均成绩"等标题，如图 8-6 所示。如需对已输入文字内容进行修改，则双击对应单元格，在鼠标光标进入单元格后再选择对应文字进行相应操作。

图 8-6　输入标题

（2）选中 A4 单元格，输入第一个学生的学号"sy2019050001"。

（3）使用 Excel 2016 的自动填充功能快速输入其他学生的学号。单击 A4 单元格，将鼠标指针指向该单元格右下角的小黑方块（填充柄），当鼠标指针变为黑色"＋"的时候，拖动填充柄至单元格 A13，单击右下角的填充选项按钮，选择"填充序列"命令，然后释放鼠标左键。鼠标经过的 A5～A13 单元格将自动填充为"sy2019050002"～"sy2019050010"，如图 8-7 所示。

图 8-7　自动填充学生学号

（4）输入"所在学院"及"专业"表格列。由于这两个表格列中重复值较多，可以采用不连续选取，一次填充的方法一次性填入内容以简化操作。按照以下方法填充内容：单击 C4 单元格，按住 Ctrl 键不放，单击其他要填入相同内容的 C7、C9、C11 单元格，然后在最后选取的 C11 单元格中输入"电信学院"，按"Ctrl + Enter"组合键，则这些单元格被填入相同的内容。以此方法填充重复值较多的"所在学院"及"专业"表格列，如图 8 - 8 所示。

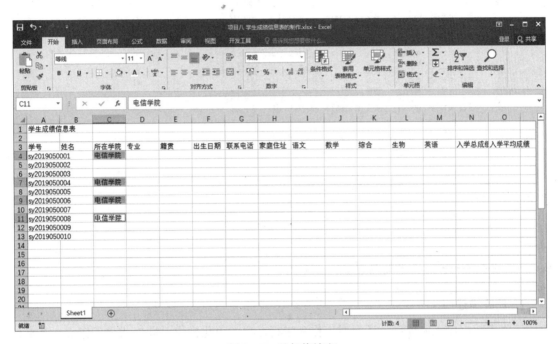

图 8 - 8　重复值填充

（5）输入"出生日期"表格列，注意单元格有数据类型之分，所以此表格列应按照日期格式输入，如"1990 - 07 - 08"或"1990/07/08"。当完成某一单元格的数据输入后，按 Enter 键可自动定位到下方单元格，按 Tab 键或向右方向键可定位到右方单元格继续输入数据。

（6）输入"联系电话"表格列，由于该列数据可能出现 0 开头的情况，所以必须按照特殊方法输入，否则可能识别错误，如将 029 识别为 29，将 610481199007088760 识别为 6. 10481E + 17。在输入此类数据时，应该在数字前加"'"（半角单引号），如"'029"，将数字转换为不可参与计算的文本型数字，这样就不会发生识别错误，如图 8 - 9 所示。

F	G
出生日期	联系电话
1990/7/8	029
1990/7/8	'029

图 8 - 9　输入文本型数字

（7）除"入学总成绩""入学平均成绩"表格列外，其他表格列按照通常的方法输入即可，表中数据填充完毕，即可利用已填入的各门课程成绩自动生成"入学总成绩"和"入学平均成绩"数据。录入数据后效果如图 8 - 10 所示。

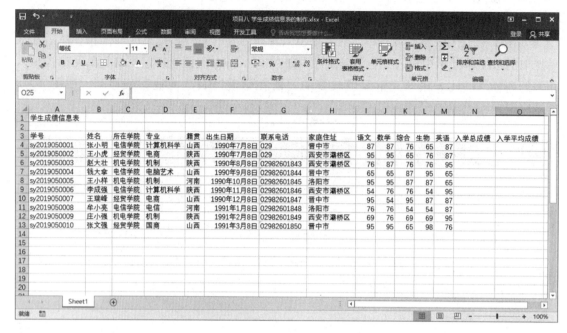

图 8 – 10　录入数据后效果

8.4.3　任务3——设置单元格格式

1. 任务描述

工作表数据输入完成后，还要对工作表进行必要的美化操作，即格式化工作表。基本的格式设置对象包括单元格字体、对齐方式、数字格式、边框底纹，以及行高和列宽、填充及保护。

2. 操作步骤

（1）单击 A1 单元格，选择"开始"选项卡，设置"字体"为"黑体"，"字形"为"加粗"，"字号"为"20 号"，如图 8 – 11 所示。

（2）单击单元格 A3，拖动鼠标至单元格 O3，选中 A3 ～ O3 单元格区域，设置字体为"宋体"，"字体颜色"为白色，"字形"为"加粗"，参照（1）步操作完成。

（3）选中 A3 ～ O13 单元格区域，然后选择"开始"选项卡，在"对齐方式"分组中选择"水平居中"及"垂直居中"选项，如图 8 – 12 所示。

（4）选中 A1 ～ O1 单元格区域，单击"对齐方式"分组中的"合并后居中"按钮，将单元格区域合并成一个单元格 A1，并将标题"学生成绩信息表"跨列居中，如图 8 – 13 所示。

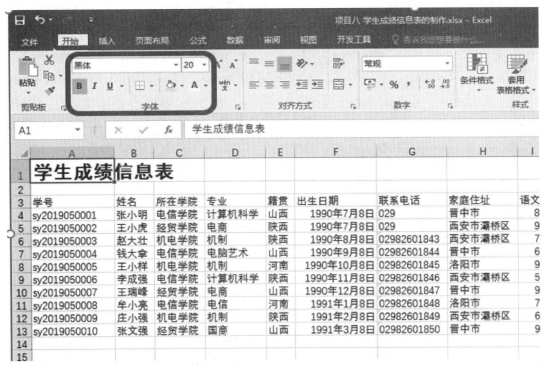

图 8－11 设置字体

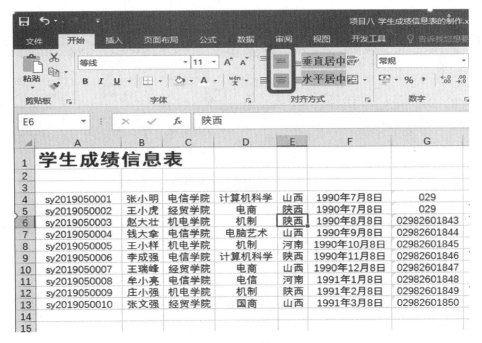

图 8－12 设置对齐方式

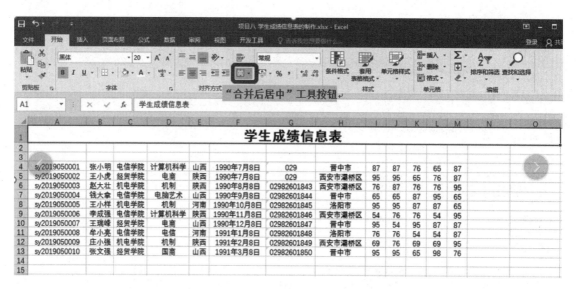

图 8 – 13　标题跨列居中效果

（5）为了符合我国的日期表示习惯，选中 F4 ~ F13 单元格区域，在"开始"选项卡中的"数字"分组中单击右侧快捷菜单按钮，打开"设置单元格格式"对话框，选择"数字"选项卡，从"分类"列表中选择"日期"格式，并在右边列表框中选择"2012 年 3 月"样例，单击"确定"按钮，该区域中的所有日期自动转换为"2012 年 3 月"的格式显示，如图 8 – 14 所示。

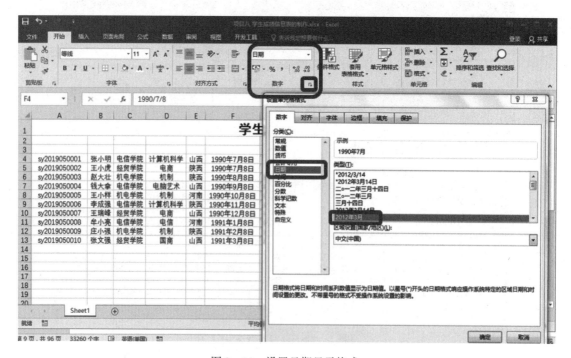

图 8 – 14　设置日期显示格式

（6）设置完成，单击"确定"按钮，关闭对话框，返回工作表。

（7）在工作表中，可以根据需要调整列宽。将鼠标光标放置在 A 列列标上，并拖动其至 O 列，选中 A ~ O 列，将鼠标光标置于任意选中列的列标中间，双击鼠标左键，系统将自动根据单元格内容长度设置最合适的列宽（刚好能容纳内容的列宽）。

（8）选中 A3 ~ O3 列标题，单击"开始"选项卡"字体"分组中的"填充"工具按钮，选择填充颜色并单击，为 A3 ~ O3 列填充"黑色，文字 1，淡色 35%"的底纹，如图 8 - 15 所示。

图 8 - 15 填充单元格底纹

（9）选中 A3：O13 所有的学生成绩信息记录，单击"开始"选项卡"字体"分组右下角的快捷菜单按钮，打开"设置单元格格式"对话框，如图 8 - 16 所示，选择"边框"选项卡。

在"线条"区域中的"样式"列表框中选择"细实线"样式，并单击"预置"区域中的"内部"图标，为表格添加内部边框。

继续选择"样式"列表框中的"双线"样式，并单击"外边框"图标，在"边框"区域单击"左边框"和"右边框"图标取消外部边框的左、右边框。

（10）在工作表中，可以根据需要统一调整行高。由于当前工作表中行高较小，要将行高调整成统一高度，将鼠标光标放置在第 3 行行标上，并拖动其至第 13 行行标，选中第 3 ~ 13 行，将鼠标光标置于任意选中行的行标中间，用鼠标拖动至合适行高，松开鼠标左键，这时选中行被设置成统一的高度，如图 8 - 17 所示。

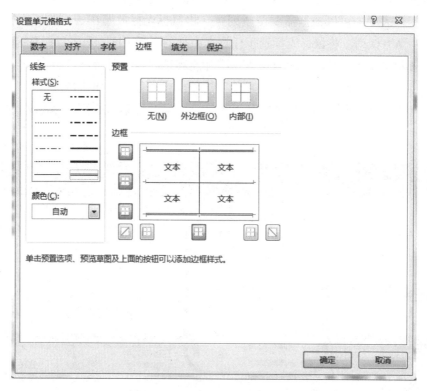

图 8 – 16　"设置单元格格式"对话框

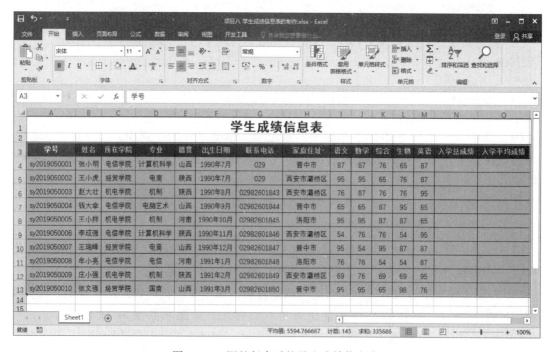

图 8 – 17　调整行高后的学生成绩信息表

8.4.4 任务4——创建公式,自动计算学生成绩

1. 任务描述

在 Excel 2016 中,可以通过编辑公式实现对数据的自动计算,本表中"入学总成绩"和"入学平均成绩"列的数据是由前面 5 列的基本课程成绩计算得到的,所以可以利用基本的统计函数对这两列数据进行计算,然后通过公式自动填充来完成数据的自动生成。

2. 操作步骤

(1)选中 N4 单元格,单击"公式"选项卡"函数库"分组中的"自动求和"工具按钮,选择"求和"选项,在 N4 单元格中出现函数公式"=SUM(I4:M4)",如图 8-18 所示,按 Enter 键,N4 单元格自动根据前面 5 个基本成绩计算得到结果,拖动 N4 单元格的自动填充柄向下至 N13 单元格填充公式,生成该列数据。

图 8-18 求和函数公式

(2)选中 O4 单元格,单击"公式"选项卡"函数库"分组中的"自动求和"工具按钮,选择"平均值"选项,在 O4 单元格中出现函数公式"=AVERAGE(I4:M4)",如图 8-19 所示,按 Enter 键,然后拖动 O4 单元格的自动填充柄向下至 O13 单元格填充公式,生成该列数据。

(3)通过拖动自动填充柄完成公式填充后,效果如图 8-20 所示。

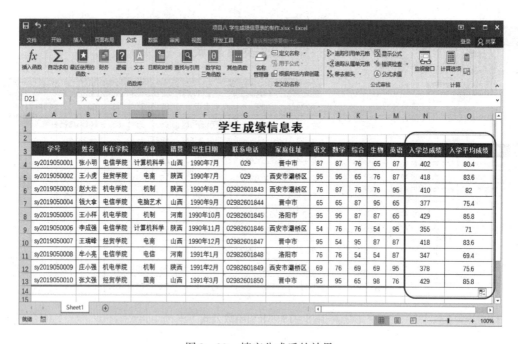

图 8 - 19　平均函数公式

图 8 - 20　填充公式后的效果

8.4.5　任务5——设定条件格式

1. 任务描述

在通常的学生成绩信息表中数据记录很多，很难很快地找出不及格信息，所以有必要通过条件格式对不及格信息所在单元格进行特殊格式标识，使这些单元格突出显示，以易于分辨。

2. 操作步骤

（1）选中代表学生成绩的 I4：M13 单元格区域，单击"开始"选项卡"样式"分组中的"条件格式"按钮，选择"突出显示单元格规则"→"小于（L）..."选项，如图 8 – 21 所示。

图 8 – 21 设置条件格式（1）

（2）在打开的"小于"对话框中将"为小于以下值的单元格设置格式"下面的文本框中输入"60"，"设置为"下拉列表中选择"自定义格式"选项，打开"设置单元格格式"对话框，选择"字体"选项卡，设置"字形"为"加粗"，如图 8 – 22 所示。

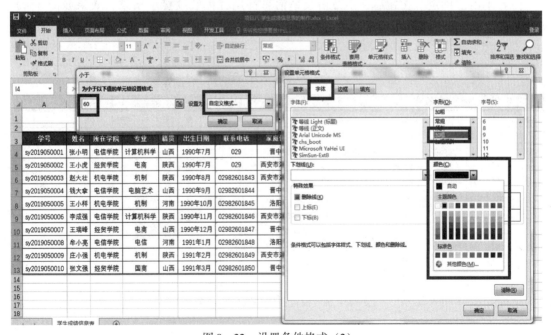

图 8 – 22 设置条件格式（2）

选择"填充"选项卡，设置"背景色"为红色，如图 8 – 23 所示。

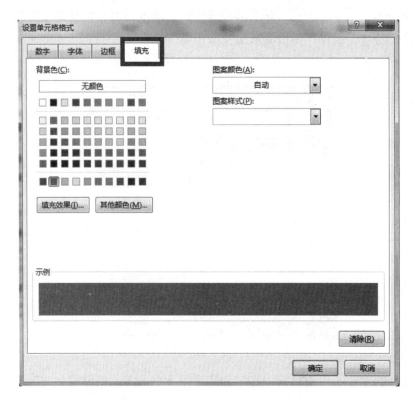

图 8 – 23　"填充"选项卡

（3）单击"确定"按钮后，不及格成绩信息都用红色底纹标示出来，效果如图 8 – 24 所示，其他类型单元格均可通过此种方法进行设置。

学生成绩信息表

学号	姓名	所在学院	专业	籍贯	出生日期	联系电话	家庭住址	语文	数学	综合	生物	英语	入学总成绩	入学平均成绩
sy2019050001	张小明	电信学院	计算机科学	山西	1990年7月	029	晋中市	87	87	76	65	87	402	80.4
sy2019050002	王小虎	经贸学院	电商	陕西	1990年7月	029	西安市灞桥区	95	95	65	76	87	418	83.6
sy2019050003	赵大壮	机电学院	机制	陕西	1990年8月	02982601843	西安市灞桥区	76	87	76	76	95	410	82
sy2019050004	钱大拿	电信学院	电脑艺术	山西	1990年9月	02982601844	晋中市	65	65	87	95	65	377	75.4
sy2019050005	王小样	机电学院	机制	河南	1990年10月	02982601845	洛阳市	95	95	87	87	65	429	85.8
sy2019050006	李成强	电信学院	计算机科学	陕西	1990年11月	02982601846	西安市灞桥区	54	76	76	54	95	355	71
sy2019050007	王瑞峰	经贸学院	电商	山西	1990年12月	02982601847	晋中市	95	54	95	87	87	418	83.6
sy2019050008	牟小亮	电信学院	电信	河南	1991年1月	02982601848	洛阳市	76	76	54	54	87	347	69.4
sy2019050009	庄小强	机电学院	机制	陕西	1991年2月	02982601849	西安市灞桥区	69	76	69	69	95	378	75.6
sy2019050010	张文强	经贸学院	国商	山西	1991年3月	02982601850	晋中市	95	95	65	98	76	429	85.8

图 8 – 24　设置条件格式后的效果

8.4.6 任务6——管理工作表

1. 任务描述

Excel 2016 工作表默认 Sheet1 一个工作表，也可根据需要添加新工作表，如不方便识别，可以给工作表起一个贴切的名称，当工作表数目不符合要求时，可以增加或删除工作表。

2. 操作步骤

在 Excel 2016 窗口下面的工作表标签区，用鼠标右键单击 Sheet1 标签，从快捷菜单中选择"重命名"命令，直接输入新的工作表名"学生成绩信息表"，按 Enter 键确认，如图 8 – 25 所示。

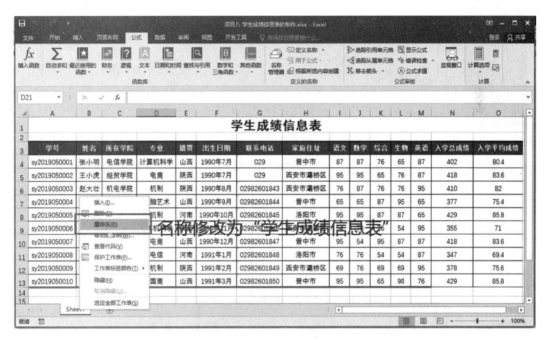

图 8 – 25 重命名工作表

8.4.7 任务7——设置 Excel 常规选项

1. 任务描述

Excel 常规选项是指用户界面选项、工作初始选项及个性化选项，用户可以设置自己喜欢的配色环境，适当的字体、字号以及默认工作表个数等。

2. 操作步骤

（1）选择"文件"→"选项"命令，如图 8 – 26 所示。

（2）打开"Excel 选项"对话框，根据需要可以设置用户界面色彩方案及新建工作簿，此处不再演示，如图 8 – 27 所示。

图 8-26 "选项"命令

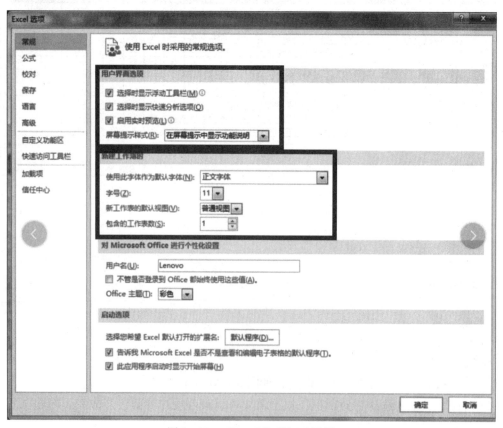

图 8-27 "Excel 选项"对话框

8.4.8　任务8——设置工作表的页面

1. 任务描述

为了得到更好的输出效果，打印前需要对工作表进行必要的页面设置，包括页边距、纸张方向、纸张大小、打印区域、缩放比例等的基本设置。

2. 操作步骤

（1）单击"页面布局"选项卡，打开"页面设置"分组，如图8-28所示。

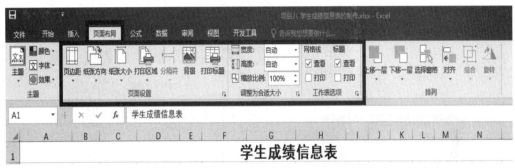

图8-28　"页面设置"分组

（2）在"页面设置"分组中，单击"页边距"按钮，选择自定义页边距，弹出"页面设置"对话框，在对话框中的"上""下""左""右"数值框中分别输入"1"，这样上、下、左、右页边距就变为1厘米，勾选"居中方式"区域的"水平"复选框，则整个表格水平居中打印，如图8-29所示。

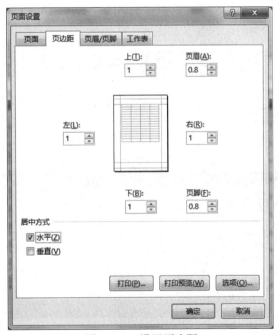

图8-29　设置页边距

（3）单击"纸张方向"按钮，从弹出的菜单中选择"横向"选项，这样表格将会在纸张上横向布局，可以容纳更多数据列，如图8－30所示。

（4）单击"纸张大小"按钮，从弹出的菜单中选择"A4"选项，如图8－31所示。

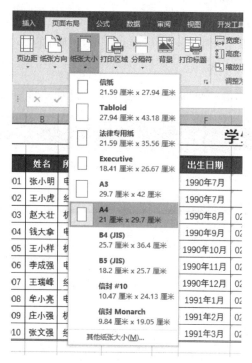

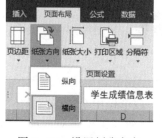

图8－30　设置纸张方向

图8－31　设置纸张大小

（5）选中A1：O13单元格区域，单击"打印区域"按钮，选择"设置打印区域"命令，即可将选中区域设置为打印内容，如图8－32所示。

学号	姓名	所在学院	专业	籍贯	出生日期	联系电话	家庭住址	语文	数学	综合	生物	英语	入学总成绩	入学平均成绩
sy2019050001	张小明	电信学院	计算机科学	山西	1990年7月	029	晋中市	87	87	76	65	87	402	80.4
sy2019050002	王小虎	经贸学院	电商	陕西	1990年7月	029	西安市灞桥区	95	95	65	76	87	418	83.6
sy2019050003	赵大壮	机电学院	机制	陕西	1990年8月	02982601843	西安市灞桥区	76	87	76	76	95	410	82
sy2019050004	钱大拿	电信学院	电脑艺术	山西	1990年9月	02982601844	晋中市	65	65	87	95	65	377	75.4
sy2019050005	王小样	机电学院	机制	河南	1990年10月	02982601845	洛阳市	95	95	87	87	65	429	85.8
sy2019050006	李成强	电信学院	计算机科学	陕西	1990年11月	02982601846	西安市灞桥区	54	76	76	54	95	355	71
sy2019050007	王瑞峰	经贸学院	电商	山西	1990年12月	02982601847	晋中市	95	54	76	87	87	418	83.6
sy2019050008	牟小亮	电信学院	电信	河南	1991年1月	02982601848	洛阳市	76	76	54	54	87	347	69.4
sy2019050009	庄小强	机电学院	机制	陕西	1991年2月	02982601849	西安市灞桥区	69	76	69	69	95	378	75.6
sy2019050010	张文强	经贸学院	国商	山西	1991年3月	02982601850	晋中市	95	95	66	98	76	429	85.8

图8－32　设置打印区域

（6）由于表格中数据列太多，有一部分数据列不能在同一纸张显示，所以需要执行"缩放打印"命令，将"缩放比例"调整为95%，通过页面上显示的虚线可以看出，全部数据列可以在同一纸张显示，如图8-33所示。

学号	姓名	所在学院	专业	籍贯	出生日期	联系电话	家庭住址	语文	数学	综合	生物	英语	入学总成绩	入学平均成绩
sy2019050001	张小明	电信学院	计算机科学	山西	1990年7月	029	晋中市	87	87	76	65	87	402	80.4
sy2019050002	王小虎	经贸学院	电商	陕西	1990年7月	029	西安市灞桥区	95	95	65	76	87	418	83.6
sy2019050003	赵大壮	机电学院	机制	陕西	1990年8月	02982601843	西安市灞桥区	76	87	76	76	95	410	82
sy2019050004	钱大拿	电信学院	电脑艺术	山西	1990年9月	02982601844	晋中市	65	65	87	95	65	377	75.4
sy2019050005	王小样	机电学院	机制	河南	1990年10月	02982601845	洛阳市	95	95	87	87	65	429	85.8
sy2019050006	李成强	电信学院	计算机科学	陕西	1990年11月	02982601846	西安市灞桥区	54	76	76	54	95	355	71
sy2019050007	王瑞峰	经贸学院	电商	山西	1990年12月	02982601847	晋中市	95	54	95	87	87	418	83.6
sy2019050008	牟小亮	电信学院	电信	河南	1991年1月	02982601848	洛阳市	76	76	54	54	87	347	69.4
sy2019050009	庄小强	机电学院	机制	陕西	1991年2月	02982601849	西安市灞桥区	69	76	69	69	95	378	75.6
sy2019050010	张文强	经贸学院	国商	山西	1991年3月	02982601850	晋中市	95	95	65	98	76	429	85.8

图8-33 设置缩放比例

（7）选择"文件"→"保存"命令，保存当前工作簿并关闭当前窗口。

8.5 知识拓展

8.5.1 数据输入方式

1. 快速输入数据

1）输入数据

单击某个单元格，然后在该单元格中输入数据，按 Enter 键或 Tab 键移到下一个单元格。若要在单元格中另起一行输入数据，则按"Alt+Enter"组合键输入一个换行符。

若要输入一系列连续数据，例如日期、月份或渐进数字，则在一个单元格中输入起始值，然后在下一个单元格中再输入一个值，建立一个模式。例如，如果要使用序列"1，2，3，4，5…"，则在前两个单元格中输入"1"和"2"，选中包含起始值的单元格，然后拖动自动填充柄，涵盖要填充的整个范围。若要按升序填充，则从上到下或从左到右拖动。若要按降序填充，则从下到上或从右到左拖动。

2）设置数据格式

若要应用数字格式，则单击要设置数字格式的单元格，然后在"开始"选项卡的"数字"分组中选择"常规"选项，然后选择要使用的格式。

若要更改字体，则选中要设置数据格式的单元格，然后在"开始"选项卡的"字体"

分组中选择要使用的格式。

2. 通过".txt"文档导入

如果已有内容数据，希望把数据加载到 Excel 2016 工作表中，可以通过".txt"文件格式向 Excel 2016 工作表导入数据，步骤如下：

（1）打开 Excel 2016 工作表，单击"数据"选项卡，选择"获取外部数据"→"自文本"选项，如图 8－34 所示。

图 8－34　"自文本"选项

（2）在"导入文本文件"对话框中选择需要导入的文件，单击"导入"按钮，如图 8－35 所示。

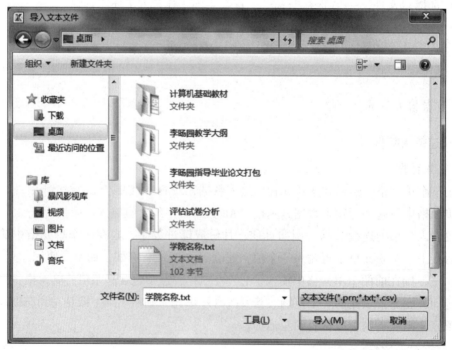

图 8－35　"导入文本文件"对话框

（3）打开"文本导入向导－第 1 步，共 3 步"对话框并选中"分隔符号"单选按钮，单击"下一步"按钮，如图 8－36 所示。

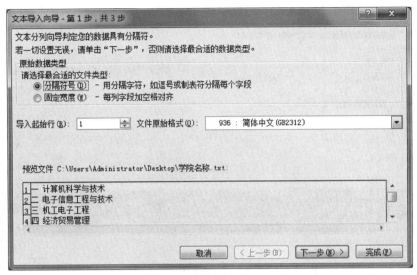

图 8 - 36 文本导入向导（1）

（4）打开"文本导入向导 - 第 2 步，共 3 步"对话框，并添加分列线，单击"下一步"按钮，如图 8 - 37 所示。

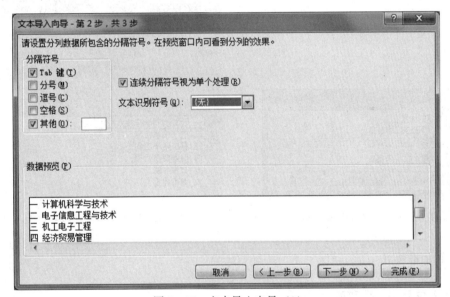

图 8 - 37 文本导入向导（2）

（5）打开"文本导入向导 - 第 3 步，共 3 步"对话框，在"列数据格式"区域选中"文本"单选按钮，然后单击"完成"按钮，如图 8 - 38 所示。

（6）弹出"导入数据"对话框，选中"新工作表"单选按钮，单击"确定"按钮，如图 8 - 39 所示。

（7）返回 Excel 2016 工作表，可以看到文本文档导入成功，而且排列整齐，如图 8 - 40 所示。

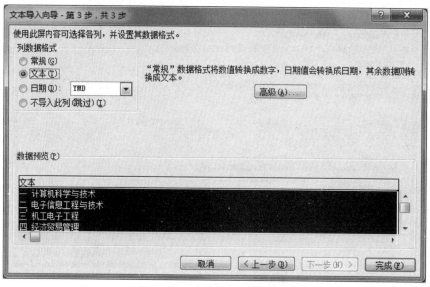

图 8 - 38　文本导入向导（3）

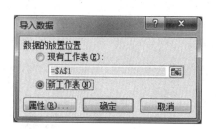

图 8 - 39　"导入数据"对话框

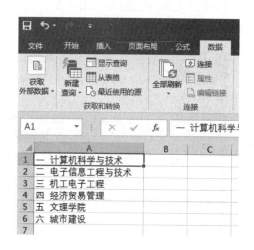

图 8 - 40　导入文本文档后的效果

8.5.2　单元格操作

1. 插入单元格、行和列

选中单元格 B2，再单击鼠标右键，在弹出的菜单中选择"插入"命令，如图 8 - 41 所示。

打开"插入"对话框，如图 8 - 42 所示，可以看到如下 4 个单选按钮：

（1）活动单元格右移：表示在选中单元格左侧插入一个单元格；

（2）活动单元格下移：表示在选中单元格上方插入一个单元格；

（3）整行：表示在选中单元格上方插入一行；

（4）整列：表示在选中单元格左侧插入一行。

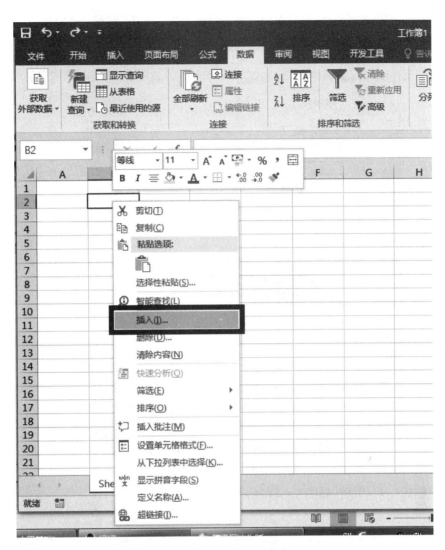

图 8 - 41 "插入"命令

图 8 - 42 "插入"对话框

2. 删除单元格、行和列

选中单元格 B2，单击鼠标右键，在弹出的菜单中选择"删除"命令，如图 8 - 43 所示。

图 8 - 43　"删除"命令

打开"删除"对话框，如图 8 - 44 所示，可以看到如下 4 个
单选按钮：

（1）右侧单元格左移：表示删除选中单元格后，该单元格
右侧的整行向左移动一格；

（2）下方单元格上移：表示删除选中单元格后，该单元格
下方的整列向上移动一格；

（3）整行：表示删除该单元格所在的一整行；

（4）整列：表示删除该单元格所在的一整列。

图 8 - 44　"删除"对话框

3. 添加、删除批注

单元格批注是用于说明单元格内容的说明性文字，可以帮助
工作表使用者了解该单元格的意义。在 Excel 2016 工作表中可以添加单元格批注，操作步骤
如下：

（1）打开 Excel 2016 工作表，选中需要添加批注的单元格 D6。

（2）单击"审阅"选项卡，在"批注"分组中单击"新建批注"按钮，如图 8 - 45
所示。

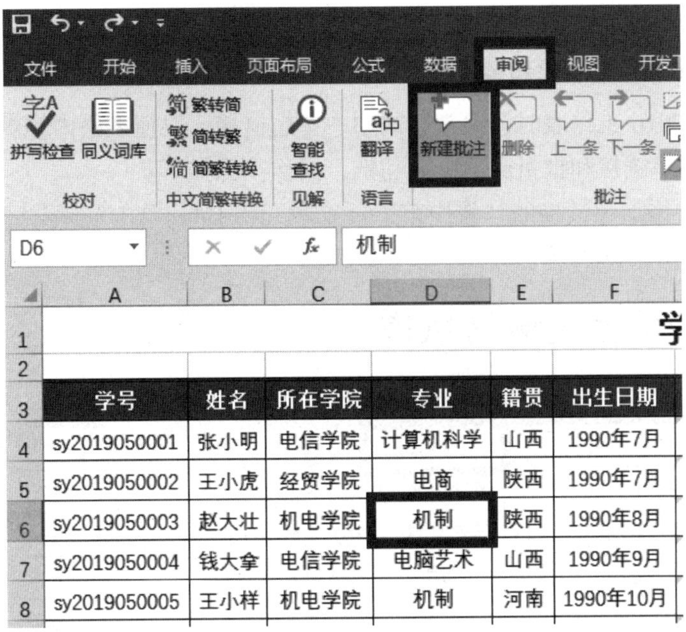

图 8-45　"新建批注"按钮

提示：也可以用鼠标右键单击被选中的单元格，在打开的快捷菜单中选择"插入批注"命令。

（3）在"批注"分组中单击"编辑批注"按钮，打开 Excel 2016 批注编辑框，默认情况下第 1 行显示当前系统用户名。用户可以根据实际需要保留或删除姓名，然后输入批注内容，如图 8-46 所示。

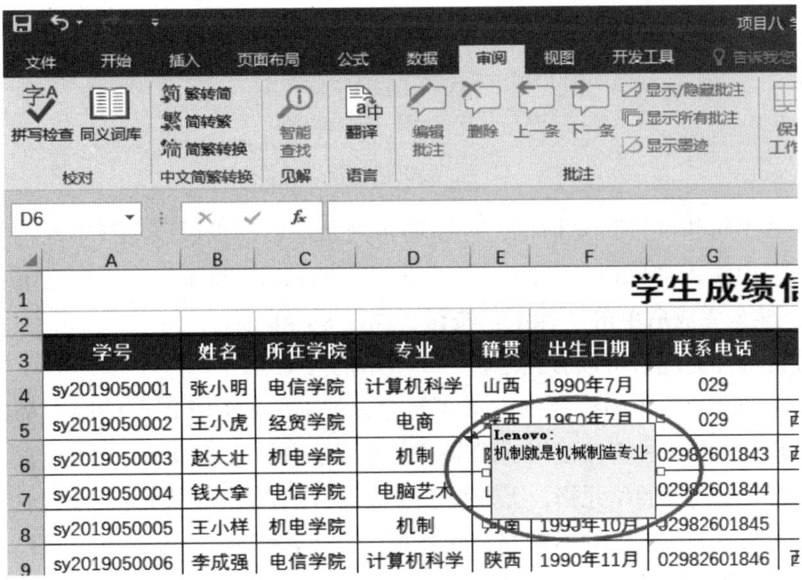

图 8-46　编辑批注内容

如果 Excel 2016 工作表中的单元格批注失去存在的意义，用户可以将其删除，打开 Excel 2016 工作表窗口，用鼠标右键单击含有批注的单元格，在打开的快捷菜单中选择"删除批注"命令即可。

4. 插入超链接及批量删除超链接

在制作 Excel 2016 工作表时，通常会添加一些超链接，以使表格内容更丰富，下面介绍如何为单元格添加超链接和批量删除已有超链，操作步骤如下：

（1）选中需要添加超链接的"晋中市"所在单元格 H4，单击鼠标右键，选择"编辑超链接"命令，如图 8 - 47 所示。

学生成绩信息表

用	联系电话	家庭住址		英语
月	029	晋中市		87
月	029	西安市灞桥区		87
月	02982601843	西安市灞桥区		95
月	02982601844	晋中市		65
月	02982601845	洛阳市		65
月	02982601846	西安市灞桥区		95
月	02982601847	晋中市		87
月	02982601848	洛阳市		87
月	02982601849	西安市灞桥区		95
月	02982601850	晋中市		76

右键菜单：
- ✂ 剪切(T)
- 复制(C)
- 📋 粘贴选项：
- 📋
- 选择性粘贴(S)…
- 🔍 智能查找(L)
- 插入(I)…
- 删除(D)…
- 清除内容(N)
- 📊 快速分析(Q)
- 筛选(E) ▶
- 排序(O) ▶
- 插入批注(M)
- 设置单元格格式(F)…
- 从下拉列表中选择(K)…
- wén文 显示拼音字段(S)
- 定义名称(A)…
- 编辑超链接(H)…
- 打开超链接(O)
- 取消超链接(R)

图 8 - 47　"编辑超链接"命令

（2）打开"编辑超链接"对话框，可以输入网站地址，也可以选择本地的文件等，这里在"地址"栏中输入"http：//baike. so. com/doc/5346217. html"（一个关于晋中市介绍的百科项目），输入完成后单击"确定"按钮，如图 8 - 48 所示。

（3）超链接添加完成后可以看到图 8 - 49 所示的效果。

（4）批量取消单元格中超链接的方法非常多，但 Excel 2016 以前的版本都没有提供直接的方法，在 Excel 2016 中直接使用功能区或右键菜单中的命令即可。

选择所有包含超链接的单元格。无须按 Ctrl 键逐一选择，只要所选区域包含有超链接的单元格即可。要取消工作表中的所有超链接，按"Ctrl + A"组合键或单击工作表左上角行标和列标交叉处的全选按钮选择整个工作表。选择"开始"选项卡，在"编辑"分组中，选择"清除"→"清除超链接"命令即可取消超链接。但该命令未清除单元格格式，如果要同时取消超链接和清除单元格格式，则选择"删除超链接"命令，如图 8 - 50 所示。

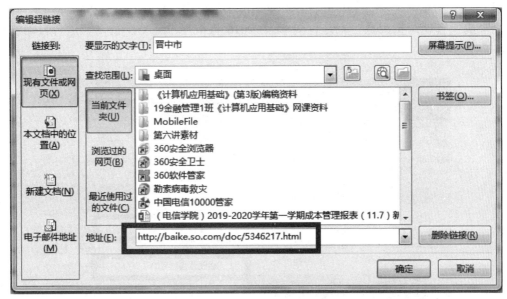

图 8-48 "编辑超链接"对话框

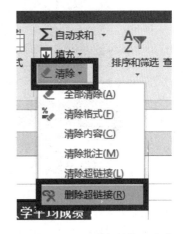

图 8-49 添加超链接效果　　　　　图 8-50 "删除超链接"命令

也可以用鼠标右键单击所选区域，然后在弹出的菜单中选择"取消超链接"命令删除超链接。

8.5.3 样式修饰

1. 行高和列宽

通过设置 Excel 2016 工作表的行高和列宽，可以使 Excel 2016 工作表更具可读性。在 Excel 2016 工作表中设置行高和列宽的步骤如下：

（1）打开 Excel 2016 工作表，选中需要设置高度或宽度的行或列。

（2）单击"开始"→"单元格"分组→"格式"按钮，在打开的菜单中选择"自动调整行高"或"自动调整列宽"命令，则 Excel 2016 将根据单元格中的内容进行自动调整，如图 8-51 所示。

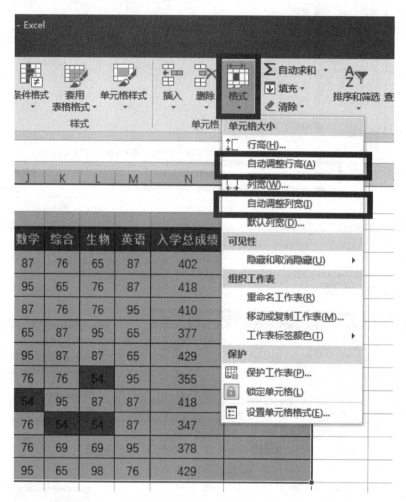

图 8-51　"自动调整行高"及"自动调整列宽"命令

也可以选择"行高"或"列宽"选项，打开"行高"或"列宽"对话框，在编辑框中输入具体数值，并单击"确定"按钮即可，如图 8-52 所示。

2. 添加背景图片

在使用 Excel 2016 工作表时，可以为 Excel 2016 工作表添加背景，操作步骤如下：

（1）打开 Excel 2016，单击"页面布局"选项卡，在"页面设置"分组中单击"背景"按钮，如图 8-53 所示。

（2）弹出"工作表背景"对话框，选择合适的图片，单击"插入"按钮。

（3）返回 Excel 2016 工作表，可以发现 Excel 2016 表格的背景变成了刚刚设置的图片，如图 8-54 所示。

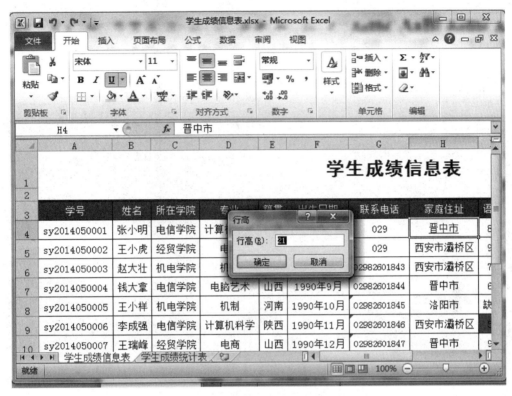

图 8 – 52 指定行高或列宽数值

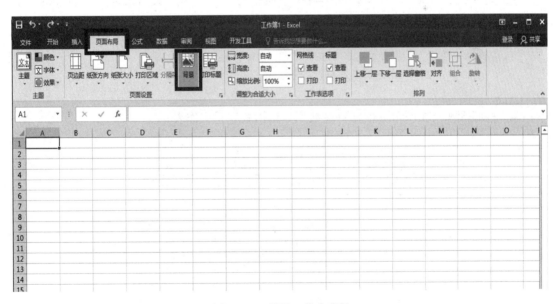

图 8 – 53 设置工作表背景

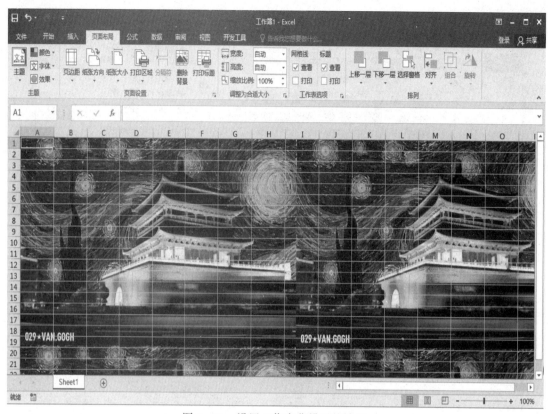

图 8 – 54　设置工作表背景后的效果

（4）如果要取消工作表背景，则单击"页面布局"选项卡"页面设置"分组中的"删除背景"按钮即可。

8.6　技能训练

（1）按照图 8 – 55 所示，根据对应数据显示格式建立工作表。

	A	B	C	D
1	格式类型	数据1	数据2	数据3
2	常规	12345.6	35954.05	0.12345
3	数字	12345.60	35954.05	0.12
4	货币	¥12,345.60	¥35,954.05	¥0.12
5	会计专用	¥　12,345.60	¥　35,954.05	¥　0.12
6	短日期	1933/10/18	1998/6/8	1900/1/0
7	长日期	1933年10月18日	1998年6月8日	1900年1月0日
8	时间	14:24:00	1:12:00	2:57:46
9	百分比	1234560.00%	3595405.00%	12.35%
10	分数	12345 3/5	35954	1/8
11	科学计数	1.23E+04	3.60E+04	1.23E-01
12	文本	12345.6	35954.05	0.12345

图 8 – 55　数据格式效果

（2）根据图 8 – 56 所示建立数据表，并利用公式计算销售额。

	A	B	C	D	E
1	小卖部饮料销售情况表				
2	名称	单位	零售价	销售量	销售额
3	橙汁	听	￥　2.80	156	
4	红牛	听	￥　6.50	98	
5	健力宝	听	￥　2.90	155	
6	可乐	听	￥　3.20	160	
7	矿泉水	瓶	￥　2.30	188	
8	美年达	听	￥　2.80	66	
9	酸奶	瓶	￥　1.20	136	
10	雪碧	听	￥　3.00	24	

图 8 – 56　数据表效果

（3）建立并统计图 8 – 57 所示表格中各人的总分及平均分。

	A	B	C	D	E	F	G
1	统计总分、均分						
2	姓名	语文	英语	数学	物理	化学	总分
3	杨玉兰	81	95	57	91	87	
4	龚成琴	47	96	88	67	84	
5	王莹芬	89	100	72	79	61	
6	石化昆	95	76	88	46	57	
7	班虎忠	89	84	90	57	54	
8	補态福	76	52	77	94	75	
9	王天艳	94	53	82	76	91	
10	安德运	66	92	78	48	57	
11	岑仕美	59	81	75	80	52	
12	杨再发	78	90	65	70	98	
13	平均分						

图 8 – 57　计算总分及平均分

项目九

学生成绩统计表制作

9.1 项目目标

本项目的主要目标是让读者掌握利用 Excel 2016 内置函数对数据进行自动计算和处理的方法、条件格式的设置方法、数据图表的生成方法。

9.2 项目内容

本项目的主要内容是制作学生成绩统计表。学生成绩统计表能够实现成绩的自动汇总，不同分数段人数的统计，及格率、优秀率等的计算，以及数据的图表表示，可直观地表现数据。首先制作包含数据的基本表格，然后对相应单元格进行自动计算的设置，选定区域创建图表，并编辑图表至合适状态，以直观方式显示数据。学生成绩统计表效果如图 9-1 所示。

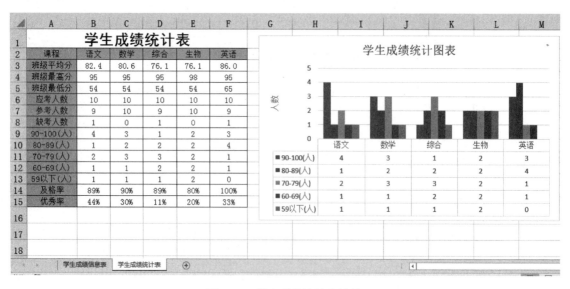

图 9-1 学生成绩统计表效果

9.3　方案设计

9.3.1　总体设计

创建工作簿文件，在工作表中建立学生成绩统计表，进行基本结构的设置，输入基本数据，并针对工作表中的特定数据，利用公式和函数计算各合计项，对数据表进行排序，最后选中需要用图表表示的数据，制作图表，并编辑图表至合适状态。

9.3.2　任务分解

本项目可分解为如下 5 个任务：

任务 1——建立学生成绩统计表的结构；

任务 2——利用计数函数进行学生成绩统计表的自动计算；

任务 3——设置单元格格式；

任务 4——根据自定义条件进行条件格式设定；

任务 5——插入图表及美化图表。

9.3.3　知识准备

1. 公式

公式是 Excel 2016 工作表中进行数值计算的等式。公式输入是以"="开始的。简单的公式包括加、减、乘、除等计算。

例如：$= 3 * 6 - 2$

$\qquad = A2 + B16$

$\qquad = C4 / A6$

复杂的公式可能包含函数（函数是预先编写的公式，可以对一个或多个值执行运算，并返回一个或多个值；函数可以简化和缩短工作表中的公式，尤其在用公式执行很长或复杂的计算时）、引用、运算符（运算符是一个标记或符号，指定表达式内执行的计算的类型，有数学、比较、逻辑和引用运算符等）和常量（常量是不进行计算的值，因此不会发生变化）。

2. 图表

图表泛指在屏幕中显示的、可直观展示统计信息属性（时间性、数量性等）、对知识挖掘和信息直观生动感受起关键作用的图形结构。

条形图、柱状图、折线图和饼图是图表中 4 种最常用的基本类型。按照 Microsoft Excel 对图表类型的分类，图表类型还包括散点图、面积图、圆环图、雷达图等。此外，可以通过图表的相互叠加形成复合图表类型。

不同类型的图表具有不同的构成要素，如折线图一般有坐标轴，而饼图一般没有坐标轴。归纳起来，图表的基本构成要素有：标题、刻度、图例和主体等。

9.4 方案实现

9.4.1 任务1——建立学生成绩统计表的结构

1. 任务描述

根据学生成绩信息表的情况，建立适合学生成绩统计表的基本结构，设置合适的边框，并命名工作表。

2. 操作步骤

（1）打开项目八所建立的"学生成绩信息表.xlsx"工作簿，单击新建工作表按钮创建默认名为"Sheet1"的新工作表，将其重命名为"学生成绩统计表"，如图9-2所示。

图9-2 创建学生成绩统计表

（2）选中单元格区域A1:F1，合并单元格，输入"学生成绩统计表"，并设置文字字体为黑体，字号为18号，文字整体居中显示，在A2:F2单元格区域中的每个单元格中输入数据列标题，分别为"课程""语文""数学""综合""生物""英语"。在A3:A15单元格区域中分别输入对应行标题，具体标题名称如图9-3所示。

（3）为整个表格设置边框和底纹格式，边框采用全细实线，标题均设置为"紫色，个性色4，淡色60%"底纹，标题字体设置为宋体10号，所有单元格对齐方式均设置为"水平居中""垂直居中"，效果如图9-4所示。

图 9 - 3　学生成绩统计表结构

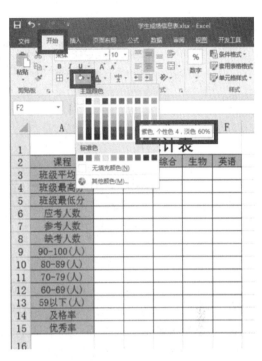

图 9 - 4　学生成绩统计表效果

9.4.2　任务 2——利用计数函数进行学生成绩统计表的自动计算

1. 任务描述

在学生成绩统计表中，通过添加计数函数计算每门课程的班级最高分、班级最低分、班级平均分、应考人数、参考人数、缺考人数、各成绩段人数、及格率以及优秀率。

2. 操作步骤

（1）选中学生成绩统计表中的 B3 单元格，单击"公式"选项卡，选择"自动求和"→"平均值"选项，如图 9 - 5 所示。

（2）在 B3 单元格内出现 " = AVERAGE ( )"，此时单击"学生成绩信息表"工作表标签切换到学生成绩信息表页面，选中学生成绩信息表中的 I4：I13 单元格区域，此时在公式栏显示生成的公式为 " = AVERAGE（学生成绩信息表！I4：I13）"，然后按 Enter 键确认，返回学生成绩统计表，B3 单元格自动根据公式得到"语文"数据列的平均成绩，

图 9 - 5　插入平均值函数

如图 9 – 6 所示。

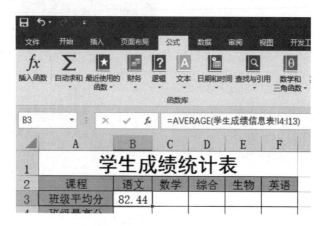

图 9 – 6　应用平均值函数

（3）选中学生成绩统计表中的 B4 单元格，单击"公式"选项卡，选择"自动求和"→"最大值"选项，在 B4 单元格内出现" = MAX（）"，此时单击"学生成绩信息表"工作表标签切换到学生成绩信息表页面，选中学生成绩信息表中的 I4：I13 单元格区域，此时在公式栏显示生成的公式为" = MAX（学生成绩信息表！I4：I13）"，然后按 Enter 键确认，返回学生成绩统计表，B4 单元格自动根据公式得到"语文"数据列的最高分，如图 9 – 7所示。

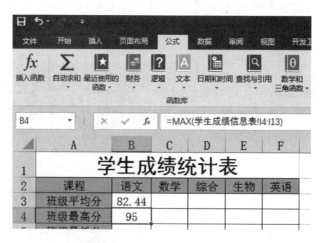

图 9 – 7　应用最大值函数

（4）选中学生成绩统计表中的 B5 单元格，单击"公式"选项卡，选择"自动求和"→"最小值"选项，在 B5 单元格内出现" = MIN（）"，此时单击"学生成绩信息表"工作表标签切换到学生成绩信息表页面，选中学生成绩信息表中的 I4：I13 单元格区域，此时在公式栏显示生成的公式为" = MIN（学生成绩信息表！I4：I13）"，然后按 Enter 键确认，返回学生成绩统计表，B5 单元格自动根据公式得到"语文"数据列的最低分，如图 9 – 8所示。

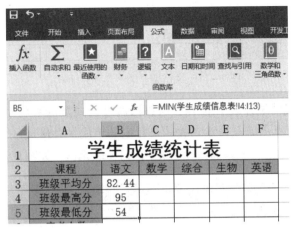

图 9 - 8　应用最小值函数

（5）选中学生成绩统计表中的 B6 单元格，在 B6 单元格内输入 " = COUNTA（学生成绩信息表! I4：I13），按 Enter 键，选中学生成绩统计表中的 B7 单元格，在 B7 单元格内输入 " = COUNT（学生成绩信息表! I4：I13）"，按 Enter 键，选中学生成绩统计表中的 B8 单元格，在 B8 单元格内输入 " = B6 - B7"，按 Enter 键，得到图 9 - 9 所示结果。

应考人数	10				
参考人数	9				
缺考人数	1				

图 9 - 9　计数函数结果

（6）选中学生成绩统计表中的 B9 单元格，在 B9 单元格内输入 " = COUNTIF（学生成绩信息表! I4:I13," >=90"）"，按 Enter 键，选中学生成绩统计表中的 B10 单元格，在 B10 单元格内输入 " = COUNTIF（学生成绩信息表! I4:I13," >=80"）- B9"，按 Enter 键，选中学生成绩统计表中的 B11 单元格，在 B11 单元格内输入 " = COUNTIF（学生成绩信息表! I4:I13," >=70"）- B9 - B10"，按 Enter 键，选中学生成绩统计表中的 B12 单元格，在 B12 单元格内输入 " = COUNTIF（学生成绩信息表! I4:I13," >=60"）- B9 - B10 - B11"，按 Enter 键，选中学生成绩统计表中的 B13 单元格，在 B13 单元格内输入 " = COUNTIF（学生成绩信息表! I4:I13," <60"）"，按 Enter 键，得到图 9 - 10 所示结果。

90-100（人）	4				
80-89（人）	1				
70-79（人）	2				
60-69（人）	1				
59以下（人）	1				

图 9 - 10　分段成绩人数计算结果

（7）选中学生成绩统计表中的 B14 单元格，在 B14 单元格内输入 " = COUNTIF（学生成绩信息表! I4:I13," >=60"）/B7"，按 Enter 键，选中学生成绩统计表中的 B15 单元格，在 B15 单元格内输入 " = COUNTIF（学生成绩信息表! I4:I13," >=90"）/B7"，按 Enter 键，得到图 9-11 所示结果。

| 及格率 | 88.89% | | | | |
| 优秀率 | 44.44% | | | | |

图 9-11　及格率、优秀率计算结果

（8）至此，学生成绩统计表中的第 1 列数据通过公式及函数已经计算出来，但其他数据还未生成，可以通过自动填充功能完成其余数据的生成。以班级平均分为例，选中 B3 单元格，向右拖动 B3 单元格右下角的自动填充柄到 F3 单元格，如图 9-12 所示。

| 课程 | 语文 | 数学 | 综合 | 生物 | 英语 |
| 班级平均分 | 82.44 | 80.60 | 76.11 | 76.10 | 86.00 |

图 9-12　自动填充班级平均分

（9）用步骤（8）中的方法，分别对各行数据进行自动填充，结果如图 9-13 所示。

	A	B	C	D	E	F
1	学生成绩统计表					
2	课程	语文	数学	综合	生物	英语
3	班级平均分	82.44	80.60	76.11	76.10	86.00
4	班级最高分	95	95	95	98	95
5	班级最低分	54	54	54	54	65
6	应考人数	10	10	10	10	10
7	参考人数	9	10	9	10	9
8	缺考人数	1	0	1	0	1
9	90-100(人)	4	3	1	2	3
10	80-89(人)	1	2	2	2	4
11	70-79(人)	2	3	3	2	1
12	60-69(人)	1	1	2	2	1
13	59以下(人)	1	1	1	2	0
14	及格率	88.89%	90.00%	88.89%	80.00%	100.00%
15	优秀率	44.44%	30.00%	11.11%	20.00%	33.33%
16						

图 9-13　自动填充数据后的结果

9.4.3　任务 3——设置单元格格式

1. 任务描述

学生成绩统计表中"班级平均分""及格率""优秀率"行有部分数据小数位数过长，通过格式设置将"班级平均分"行的数据设为保留 1 位小数，将"及格率""优秀率"行的百分数设为保留整数。

2. 操作步骤

（1）选中单元格区域 B3：F3，单击"开始"选项卡"数字"分组中的第 2 行第 5 个"减少小数位数"按钮，通过单击次数决定保留小数位数，在此单击 1 次，数据就变为保留 1 位小数的格式，如图 9-14 所示。

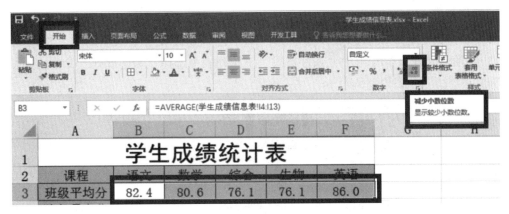

图9-14　设置小数保留位数

（2）选中单元格区域B14：F15，单击"开始"选项卡"数字"分组中的第2行第2个"百分比样式"按钮，通过单击决定是否为百分比样式，在此单击，数据就变为百分比的整数位数格式，如图9-15所示。

图9-15　设置百分比样式

9.4.4　任务4——根据自定义条件进行条件格式设定

1. 任务描述

学生成绩信息表中的数据记录很多，很难很快地找出缺考考生信息，所以有必要通过条件格式对缺考考生信息所在单元格以特殊格式标示，使这些单元格突出显示，以利于分辨。

2. 操作步骤

（1）切换到学生成绩信息表，选中 I4：M13 这部分代表学生成绩的单元格区域，在"开始"选项卡"样式"分组中"条件格式"下拉列表中选择"新建规则"命令，如图9－16所示。

图9－16　"新建规则"命令

（2）打开"新建格式规则"对话框，在对话框中单击"选择规则类型"中的第2项"只为包含以下内容的单元设置格式"，在"编辑规则说明"的下拉列表中选择"单元格值""等于"，在后面的文本框中输入"缺考"，单击"格式"按钮，打开"设置单元格格式"对话框，选择"填充"选项卡，设置黄色填充色，如图9－17所示。

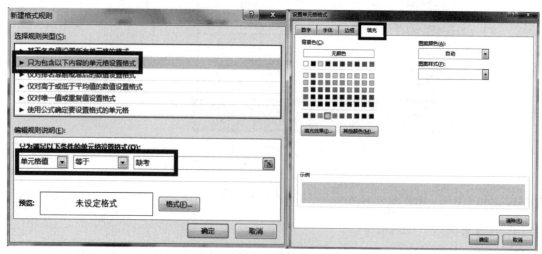

图9－17　新建格式规则

（3）单击"确定"按钮后，效果如图9－18所示，缺考考生信息都以黄色底纹标示，易于分辨。其他类型单元格均可通过此种方法进行设置。

学生成绩信息表

学号	姓名	所在学院	专业	籍贯	出生日期	联系电话	家庭住址	语文	数学	综合	生物	英语	入学总成绩	入学平均成绩
sy2019050001	张小明	电信学院	计算机科学	山西	1990年7月	029	晋中市	87	87	76	65	87	402	80.4
sy2019050002	王小虎	经贸学院	电商	陕西	1990年7月	029	西安市灞桥区	95	95	缺考	76	87	353	88.25
sy2019050003	赵大壮	机电学院	机制	陕西	1990年8月	02982601843	西安市灞桥区	76	87	76	76	95	410	82
sy2019050004	钱大拿	电信学院	电脑艺术	山西	1990年9月	02982601844	晋中市	缺考	65	87	95	65	312	78
sy2019050005	王小祥	机电学院	机制	河南	1990年10月	02982601845	洛阳市	95	95	87	87	缺考	364	91
sy2019050006	李成强	电信学院	计算机科学	陕西	1990年11月	02982601846	西安市灞桥区	54	76	76	54	95	355	71
sy2019050007	王瑞峰	经贸学院	电商	山西	1990年12月	02982601847	晋中市	95	54	95	87	87	418	83.6
sy2019050008	牟小亮	电信学院	电信	河南	1991年1月	02982601848	洛阳市	76	76	54	54	87	347	69.4
sy2019050009	庄小强	机电学院	机制	陕西	1991年2月	02982601849	西安市灞桥区	69	76	69	69	95	378	75.6
sy2019050010	张文强	经贸学院	国商	山西	1991年3月	02982601850	晋中市	95	95	65	98	76	429	85.8

图 9 – 18 设置条件格式后的效果

9.4.5 任务 5——插入图表及美化图表

1. 任务描述

根据学生成绩统计表中的数据，建立图表，直观反映数据分布情况，并设置图表格式加以美化。

2. 操作步骤

（1）选中学生成绩统计表中的 A2：F2 单元格区域，按住 Ctrl 键不连续地选取 A9：F13 单元格区域，单击"插入"选项卡，打开"图表"分组中的"柱形图"下拉列表，单击第 1 个图标"簇状柱形图"，如图 9 – 19 所示。

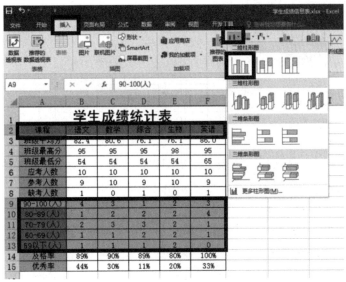

图 9 – 19 插入图表

（2）单击"簇状柱形图"图标，根据选择数据，在编辑区内自动生成一个默认图表，如图9-20所示。

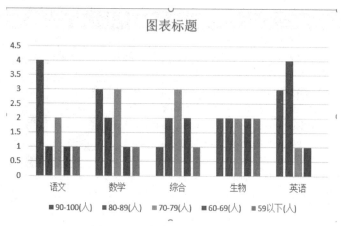

图9-20　自动生成的默认图表

（3）这时图表没有标题，也没有对应的表格数据，可以通过改变图表布局增加图表标题与原始表格数据，此时单击生成的图表，Excel 2016的工具栏上增加了"图表工具"选项卡，并且工具栏上显示对应的工具选项，选择"图表布局"分组中的"布局5"选项，如图9-21所示。

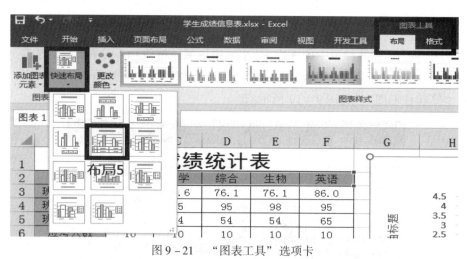

图9-21　"图表工具"选项卡

（4）选择"布局5"选项后，图表发生了变化，增加了"标题"及"数据表格项"，拖动图表右下角矩形点，改变图表大小，结果如图9-22所示。

（5）单击"图表标题"所在的文本框，将文字改为"学生成绩统计图表"，用同样的方法将坐标轴标题改为"人数"，如图9-23所示。

（6）这时表格中有图例显示，但不明显，如果希望额外增加不同颜色柱形所表示的含义，可以通过"图表工具布局"选项卡中的"图例"列表选择图例位置，如图9-24所示。

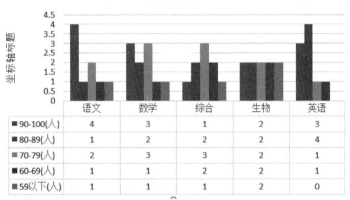

图9-22　"布局5"图表样式

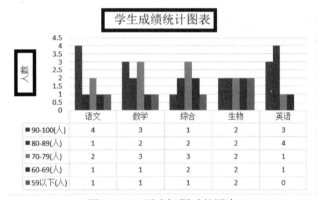

图9-23　更改标题后的图表

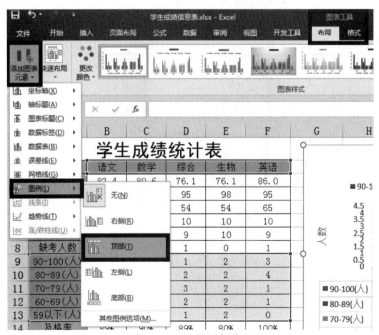

图9-24　选择图例位置

（7）通过观察可发现纵坐标轴旁边有数值标识，并且有"0.5""1.5"等小数，而纵坐标轴代表的是人数，人数应是整数，此时应该把坐标轴的数值改为整数，在数值中央单击鼠标右键，打开快捷菜单，选择"设置坐标轴格式"命令，如图9-25所示。

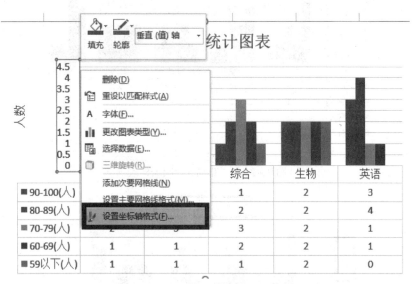

图9-25 "设置坐标轴格式"命令

（8）打开"设置坐标轴格式"对话框，将"最小值"改为"0.0"，将"最大值"改为"5.0"，将"主要""次要"均改为"1.0"，如图9-26所示。

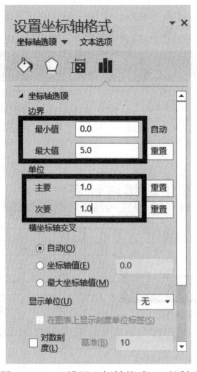

图9-26 "设置坐标轴格式"对话框

（9）拖动改变图表位置，最终效果如图 9 - 27 所示。

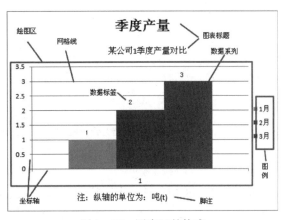

学生成绩统计表					
课程	语文	数学	综合	生物	英语
班级平均分	82.4	80.6	76.1	76.1	86.0
班级最高分	95	95	95	98	95
班级最低分	54	54	54	54	65
应考人数	10	10	10	10	10
参考人数	9	10	9	10	9
缺考人数	1	0	1	0	1
90-100(人)	4	3	1	2	3
80-89(人)	1	2	2	2	4
70-79(人)	2	3	3	2	1
60-69(人)	1	1	2	2	1
59以下(人)	1	1	1	2	0
及格率	89%	90%	89%	80%	100%
优秀率	44%	30%	11%	20%	33%

图 9 - 27　图表最终效果

9.5　知识拓展

图表是工作表数据的图形化表示，用户可以很容易地从中获取大量信息。Excel 2016 有很强的内置图表功能，可以很方便地创建各种图表。

Excel 2016 提供的图表有柱形图、条形图、折线图、饼图、散点图、面积图、圆环图、雷达图、曲面图、气泡图、股市图、圆锥图、圆柱图和棱锥图等十几种类型，而且每种图表还有若干子类型。

9.5.1　Excel 2016 图表的构成元素

图表区大致由图表标题、图例、绘图区、数据系列、数据标签、坐标轴、网格线等元素构成，如图 9 - 28 所示。

图 9 - 28　图表区的构成

（1）绘图区：指的是图表区内的图形表示的范围，即以坐标轴为边的长方形区域。对于绘图区的格式，可以改变绘图区边框的样式和内部区域的填充颜色及效果。

①数据系列：对应工作表中的一行或者一列数据。

②坐标轴：按位置不同可分为主坐标轴和次坐标轴，默认显示的是绘图区左边的主 Y 轴和下边的主 X 轴。

③网格线：用于显示各数据点的具体位置，同样有主次之分。

（2）图表标题：显示在绘图区上方的文本框，并且只有一个。图表标题的作用是简明扼要地概述图表的作用。

（3）图例：用来显示各个数据系列所代表的内容。图例由图例项和图例项标示组成，默认显示在绘图区的右侧。

9.5.2 Excel 2016 创建图表的 4 种方法

（1）按 "Alt + I + H" 组合键，可打开 "插入图表" 对话框，如图 9 – 29 所示。

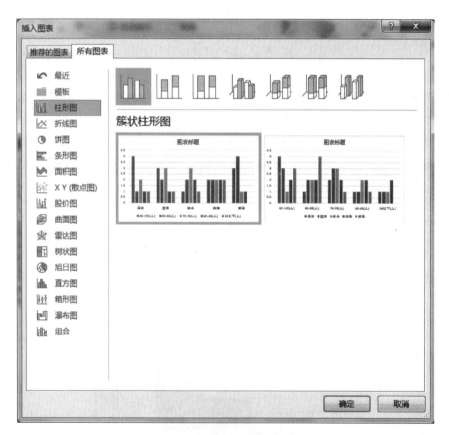

图 9 – 29 "插入图表" 对话框

（2）选择工作表的数据源区域，按 F11 键，可以快速创建一个图表工作表。

（3）按 "Alt + F1" 组合键，可快速在当前工作表中嵌入一个空白图表（进一步可以在工作表中选择数据源，然后在图表中粘贴）。

（4）单击 "插入" 选项卡，在 "图表" 分组中选择一种图表类型，并在其下拉列表中选择一种子类型，即可创建一个图表，如图 9 – 30 所示。

图 9 - 30　通过"插入"选项卡建立图表

9.5.3　Excel 2016 常用的 4 种图表类型

1. 柱形图/条形图

用途：显示一段时间内的数据变化或显示不同项目之间的对比。

分类：

（1）簇状柱形图：前面已经应用过簇状柱形图，不再重复介绍。

（2）堆积柱形图：表现数据系列内总量的对比。例如图 9 - 31 所示为 1 月和 2 月各版块的教程数量对比。

（3）百分比堆积柱形图：强调比例，如图 9 - 32 所示。

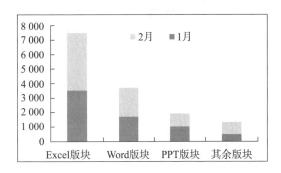

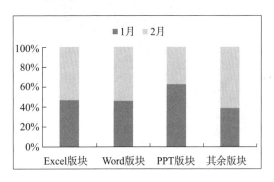

图 9 - 31　堆积柱形图示例　　　　　图 9 - 32　百分比堆积柱形图示例

同样，条形图也可以分为簇状条形图、堆积条形图、百分比堆积条形图。条形图与柱形图的区别是标签可以显示得比较长。

2. 折线图/面积图

用途：显示随时间变化的连续数据的趋势。面积图相对于折线图更强调量的变化，如图 9 - 33 所示。

3. 饼图/环形图

用途：显示一个数据系列中各项的大小，与各项总和成比例。饼图只有一个数据系列，而环形图可以有多个数据系列，如图 9 - 34 所示。

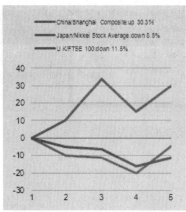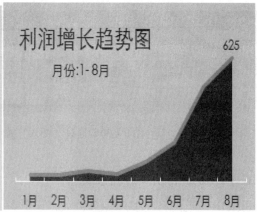

图9-33　折线图/面积图示例

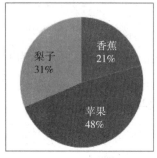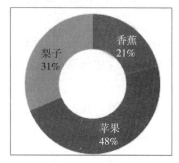

图9-34　饼图/环形图示例

4. 散点图

用途：显示若干数据系列中各数值之间的关系，如图9-35所示。

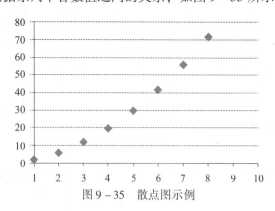

图9-35　散点图示例

9.5.4　图表类型的选取原则

（1）表示变化趋势、程度用折线图/面积图；

（2）表示变化量，排列、分布情况用柱形图/条形图；

（3）表示构成情况，用饼图/环形图；

（4）进行因素分析用散点图。

9.5.5 数据系列、坐标轴的美化和修改

1. 修改垂直坐标轴显示数字类型

初始效果如图 9-36 所示，选中垂直坐标轴，单击鼠标右键，打开"设置坐标轴格式"对话框，设置"数字"→"格式代码"为"0"，单击"添加"按钮，关闭对话框。

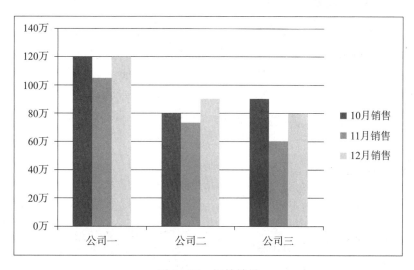

图 9-36 初始效果

2. 修改水平坐标轴显示文字

目标：将"公司一""公司二""公司三"修改为"电脑""冰箱""手机"。

方法：选中水平坐标轴，单击鼠标右键，选择"选择数据"选项，打开"选择数据源"对话框，如图 9-37 所示。单击"水平（分类）轴标签"下面的"编辑"按钮，打开"轴标签"对话框，在"轴标签区域"文本框中输入"电脑，冰箱，手机"，单击"确定"按钮。

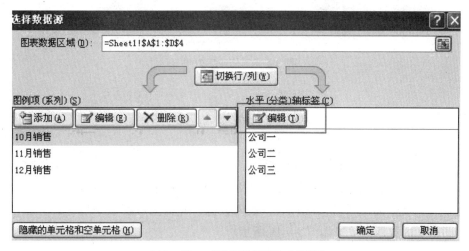

图 9-37 "选择数据源"对话框

3. 格式化数据系列

（1）复制工作表中预先设定好的柱条图片，单击"10月销售"数据系列，单击鼠标右键，打开"设置数据系列格式"对话框，选择"填充"→"图片或纹理填充"单选按钮，单击"剪贴画"按钮，关闭对话框，完成数据系列的格式化。

（2）复制卡通图片![卡通图片]，单击"12月销售"数据系列，单击鼠标右键，打开"设置数据系列格式"对话框，选择"填充"→"图片或纹理填充"单选按钮，单击"剪贴画"按钮，设置为"层叠并缩放，10单位/图片"，关闭对话框，完成数据系列的格式化。

（3）单击"11月销售"数据系列，更改数据系列为折线。复制左边的小三角形，选择"数据标记填充"→"图片或纹理填充"单选按钮，单击"剪贴画"按钮。选择"数据标记选项"→"内置"单选按钮，设置"大小"为"12"。选择"标记线颜色"→"无线条"单选按钮。

4. 填充图表区颜色

在顶部显示图例，修改后效果如图9-38所示。

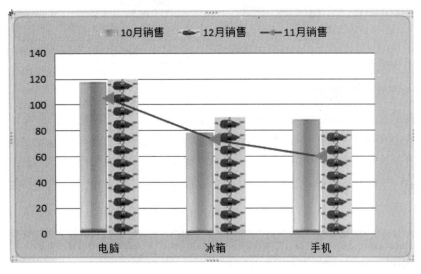

图9-38　修改后效果

9.6　技能训练

（1）建立图9-39所示数据表及图表。

（2）制作发货单，注意自选图形的使用及文本框的使用及设置，效果如图9-40所示。

（3）制作某类产品市场份额统计表，输入数据，并根据数据按季度统计，制作相应图表表示不同季度的数据，效果如图9-41所示。

图 9 – 39 2010 年销售实绩图表

图 9 – 40 发货单效果

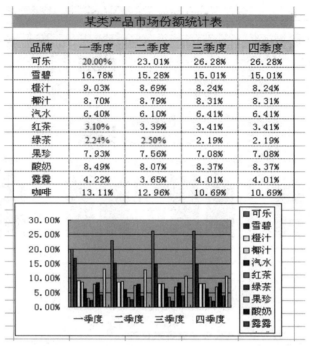

某类产品市场份额统计表				
品牌	一季度	二季度	三季度	四季度
可乐	20.00%	23.01%	26.28%	26.28%
雪碧	16.78%	15.28%	15.01%	15.01%
橙汁	9.03%	8.69%	8.24%	8.24%
椰汁	8.70%	8.79%	8.31%	8.31%
汽水	6.40%	6.10%	6.41%	6.41%
红茶	3.10%	3.39%	3.41%	3.41%
绿茶	2.24%	2.50%	2.19%	2.19%
果珍	7.93%	7.56%	7.08%	7.08%
酸奶	8.49%	8.07%	8.37%	8.37%
露露	4.22%	3.65%	4.01%	4.01%
咖啡	13.11%	12.96%	10.69%	10.69%

图 9 – 41   某类产品市场份额统计表效果

项目十

员工工资表制作

10.1 项目目标

本项目的主要目标是让读者熟练掌握函数公式的使用方法；熟悉 Excel 2016 设置预警的操作步骤；掌握条件格式的设置方法。

10.2 项目内容

本项目的主要内容是制作员工工资表。员工工资表用于统计公司员工各项收入及个人所得税扣款，首先制作员工工资表的基本结构，通过合并单元格操作，制作合适的表格标题，输入基本数据，设置各类统计函数公式，实现工资明细的自动统计；设置有效性保护以避免输入错误；设置条件格式，对工资明细情况自动预警。员工工资表效果如图 10 - 1 所示。

工号	姓名	出生年月	分公司	职务等级	基本工资	岗位津贴	生活补贴	应发工资	个人所得税	实发工资
1	赵琳	1976年8月8日	北京	办事员	2200	500	220	2920	142	2778
2	赵宏伟	1965年6月7日	北京	厅级	3900	3000	220	7120	562	6558
3	张伟建	1968年5月30日	西安	厅级	3500	3000	220	6720	522	6198
4	杨志远	1969年11月25日	上海	处级	3200	2000	220	5420	392	5028
5	徐自立	1966年3月6日	上海	厅级	3800	3000	220	7020	552	6468
6	吴伟	1975年11月10日	西安	科级	2300	1000	220	3520	202	3318
7	王自强	1967年9月1日	武汉	厅级	3600	3000	220	6820	532	6288
8	王凯东	1981年10月25日	广州	办事员	2200	500	220	2920	142	2778
9	王建国	1979年8月1日	西安	办事员	2000	500	220	2720	122	2598
10	王芳	1973年8月16日	上海	科级	2600	1000	220	3820	232	3588
11	王尔卓	1977年5月7日	上海	办事员	2200	500	220	2920	142	2778
12	石明丽	1980年4月29日	北京	办事员	2200	500	220	2920	142	2778
13	刘国栋	1978年11月2日	武汉	办事员	2000	500	220	2720	122	2598
14	林晓鸥	1971年5月23日	武汉	处级	3000	2000	220	5220	372	4848
15	林秋雨	1969年2月2日	北京	处级	3300	2000	220	5520	402	5118
16	李晓明	1981年1月26日	上海	办事员	2200	500	220	2920	142	2778
17	李达	1978年2月3日	广州	办事员	2200	500	220	2920	142	2778
18	金玲	1974年5月15日	广州	科级	2500	1000	220	3720	222	3498
19	郭瑞芳	1972年11月17日	北京	科级	2700	1000	220	3920	242	3678
20	邓卓月	1970年8月24日	广州	处级	3100	2000	220	5320	382	4938
21	陈向阳	1975年2月11日	武汉	科级	2400	1000	220	3620	212	3408
22	陈伟达	1966年12月3日	广州	厅级	3700	3000	220	6920	542	6378
23	陈强	1972年2月19日	西安	处级	2900	2000	220	5120	362	4758

天行公司2019年11月员工工资表

图 10 - 1 员工工资表效果

10.3　方案设计

10.3.1　总体设计

建立新工作簿文件，并保存为指定名称，在默认工作表中建立员工工资表格结构，并进行基本结构设置，针对工作表中的合计数据，利用公式计算各合计项，利用函数设置分级工资，设置数据有效规则，以保证输入数据的有效性及安全性。

10.3.2　任务分解

本项目可分解为如下7个任务：

任务1——建立员工工资表的结构；

任务2——使用公式及函数计算各相关项及百分比；

任务3——使用公式及函数计算各合计项；

任务4——验证数据有效性；

任务5——美化工作表；

任务6——设置条件格式；

任务7——保护工作表。

10.3.3　知识准备

1. 函数

Excel 2016 所提供的函数其实是一些预定义的公式，它们使用一些称为参数的特定数值按特定的顺序或结构进行计算。用户可以直接用它们对某个区域内的数值进行一系列运算，如分析和处理日期值和时间值、确定贷款的支付额、确定单元格中的数据类型、计算平均值、进行排序显示和运算文本数据等。例如，可用 SUM 函数对单元格或单元格区域进行加法运算。

2. 数据有效性验证

数据有效性验证使用户可以定义要在单元格中输入的数据类型，以避免输入无效数据，或者允许输入无效数据，但在输入结束后进行检查。数据有效性验证还可以提供信息，定义期望在单元格中输入的内容，以及帮助用户改正错误的指令。

如果输入的数据不符合要求，Excel 2016 将显示一条消息，其中包含用户提供的指令。

3. 工作表保护

工作簿就好像一个活页夹，工作表犹如其中的活页纸，每个工作簿最多可包括 255 个工作表。有时同一工作簿中的某些工作表是共用的，而有些工作表只能由某个用户单独使用，而不希望被其他用户发现。这时要单独给某个（些）工作表设置保护措施，即设置工作表保护。

10.4 方案实现

10.4.1 任务1——建立员工工资表的结构

1. 任务描述

根据公司员工工资情况，建立适合员工工资表的基本结构，并命名工作表。

2. 操作步骤

（1）新建一个 Excel 2016 工作表，打开"页面设置"对话框，设置为 A4 纸，横向，左、右边距设置为 1.8 厘米，上、下边距设置为 1.8 厘米，如图 10-2 所示，并以"员工工资表"为名保存。

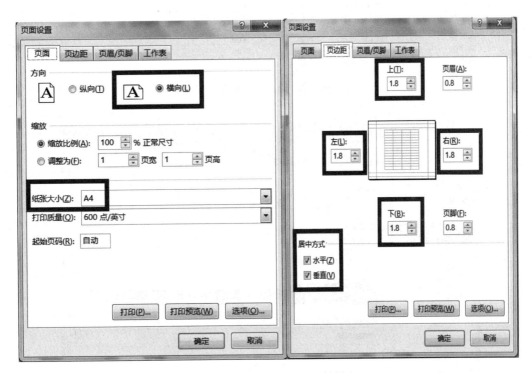

图 10-2 "页面设置"对话框

（2）将工作表"Sheet1"重命名为"11月工资"。

（3）合并 A1：K1 单元格区域，并输入"天行公司 2019 年 11 月员工工资表"作为表格标题，将字体格式设置为"华文楷体，20 号，红色"。在 A2：K2 单元格区域输入列标题，输入员工基本信息，如图 10-3 所示。

（4）将"工号"和"生活补贴"列的内容以自动填充方式进行输入。

（5）选定 C3：C25 单元格区域，并设置单元格格式为"日期"，如图 10-4 所示。

	A	B	C	D	E	F	G	H	I	J	K
1				天行公司2019年11月员工工资表							
2	工号	姓名	出生年月	分公司	职务等级	基本工资	岗位津贴	生活补贴	应发工资	个人所得税	实发工资
3		赵琳	27980	北京	办事员	2200		220			
4		赵宏伟	23900	北京	厅级	3900					
5		张伟建	24988	西安	厅级	3500					
6		杨志远	25532	上海	处级	3200		220			
7		徐自立	24172	上海	厅级	3800					
8		吴伟	27708	西安	科级	2300					
9		王自强	24716	武汉	厅级	3600					
10		王凯东	29884	广州	办事员	2200					
11		王建国	29068	西安	办事员	2000					
12		王芳	26892	上海	科级	2600					
13		王尔卓	28252	上海	办事员	2200					
14		石明丽	29340	北京	办事员	2200					
15		刘国栋	28796	武汉	办事员	2000					
16		林晓鸥	26076	武汉	处级	3000					
17		林秋雨	25260	北京	处级	3300					
18		李晓明	29612	上海	办事员	2200					
19		李达	28524	广州	办事员	2200					
20		金玲	27164	广州	科级	2500					
21		郭瑞芳	26620	北京	科级	2700					
22		邓卓月	25804	广州	处级	3100					
23		陈向阳	27436	武汉	科级	2400					
24		陈伟达	24444	广州	厅级	3700					
25		陈强	26348	西安	处级	2900					

图 10 – 3　输入员工基本信息

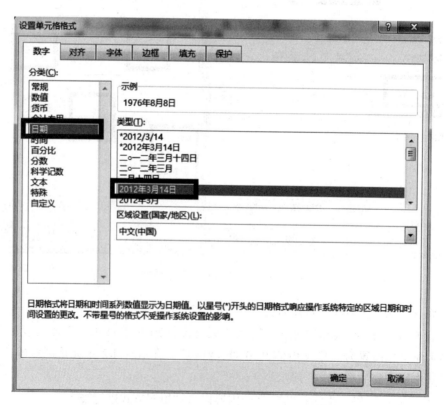

图 10 – 4　设置单元格格式

10.4.2　任务2——使用公式及函数计算各相关项及百分比

1. 任务描述

岗位津贴根据职务等级计算：厅级职务岗位津贴为3 000元，处级职务岗位津贴为2 000元，科级职务岗位津贴为1 000元，办事员职务岗位津贴为500元。

个人所得税根据应发工资计算：1 000元以下不扣税，1 000～2 000元扣税5%，2 000元以上扣税10%。

利用IF函数分别确定岗位津贴和个人所得税扣款。

2. 操作步骤

1）计算岗位津贴

（1）选中单元格G3，在函数编辑栏中输入"＝IF(E3＝"厅级",3 000,IF(E3＝"处级",2 000,IF(E3＝"科级",1 000,IF(E3＝"办事员",500))))"，如图10-5所示。

| G3 | ＝IF(E3="厅级",3000,IF(E3="处级",2000,IF(E3="科级",1000,IF(E3="办事员",500)))) |

天行公司2019年11月员工工资表

工号	姓名	出生年月	分公司	职务等级	基本工资	岗位津贴	生活补贴	应发工资	个人所得税	实发工资
1	赵琳	1976年8月8日	北京	办事员	2200	500	220			
2	赵宏伟	1965年6月7日	北京	厅级	3900		220			
3	张伟建	1968年5月30日	西安	厅级	3500		220			
4	杨志远	1969年11月25日	上海	处级	3200		220			
5	徐自立	1966年3月6日	上海	厅级	3800		220			
6	吴伟	1975年11月10日	西安	科级	2300		220			
7	王自强	1967年9月1日	武汉	厅级	3600		220			
8	王凯东	1981年10月25日	广州	办事员	2200		220			
9	王建国	1979年8月1日	西安	办事员	2000		220			
10	王芳	1973年8月16日	上海	科级	2600		220			
11	王尔卓	1977年5月7日	上海	办事员	2200		220			
12	石明丽	1980年4月29日	北京	办事员	2200		220			
13	刘国栋	1978年11月2日	武汉	办事员	2000		220			
14	林晓鸥	1971年5月23日	武汉	处级	3000		220			
15	林秋雨	1969年2月26日	北京	处级	3300		220			
16	李晓明	1981年1月26日	上海	办事员	2200		220			
17	李达	1978年2月3日	广州	办事员	2200		220			
18	金玲	1974年5月15日	广州	科级	2500		220			
19	郭瑞芳	1972年11月17日	北京	科级	2700		220			
20	邓卓月	1970年8月24日	广州	处级	3100		220			
21	陈向阳	1975年2月11日	武汉	科级	2400		220			
22	陈伟达	1966年12月3日	广州	厅级	3700		220			
23	陈强	1972年2月19日	西安	处级	2900		220			

图10-5　编辑IF函数（1）

（2）对单元格区域G4：G25进行自动填充。

2）计算个人所得税扣款

（1）选中单元格J3，在函数编辑栏中输入"＝IF(I3＜1 000,0,IF(I3＜2 000,(I3－1 000)*0.05,1 000*0.05＋(I3－2 000)*0.1))"，如图10-6所示。

（2）对单元格区域J4：J25进行自动填充。

计算其他员工的岗位津贴和个人所得税扣款时，只需拖动每个单元格的自动填充柄，即可实现公式的自动填充，填充过程中单元格会根据所处位置自动调整引用单元格，这叫作单元格的相对引用。

图 10 - 6　编辑 IF 函数（2）

10.4.3　任务3——使用公式及函数计算各合计项

1. 任务描述

在给工作表输入数据的过程中，通过公式及函数来计算合计项，减少数据合计错误。

2. 操作步骤

（1）计算工资收入合计（应发工资）。

①选中单元格 I3，选择"公式"→"自动求和"→"求和"选项，如图 10 - 7 所示。

图 10 - 7　自动求和

②选择需要求和的数据，此处选择单元格区域 F3：H3。

③按 Enter 键，返回工作表，此时应发工资的计算结果显示在单元格 I3 中。

（2）计算实发工资，选中单元格 K3，输入公式" = I3 – J3"，此公式会计算出应发工资扣除个人所得税后的实发工资。

（3）计算其他员工的实发工资，只需拖动每个合计项单元格的自动填充柄，即可实现公式的自动填充，得到各合计项结果，如图 10 – 8 所示。

工号	姓名	出生年月	分公司	职务等级	基本工资	岗位津贴	生活补贴	应发工资	个人所得税	实发工资
				天行公司2019年11月员工工资表						
1	赵琳	1976年8月8日	北京	办事员	2200	500	220	2920	142	2778
2	赵宏伟	1965年6月7日	北京	厅级	3900	3000	220	7120	562	6558
3	张伟建	1968年5月30日	西安	厅级	3500	3000	220	6720	522	6198
4	杨志远	1969年11月25日	上海	处级	3200	2000	220	5420	392	5028
5	徐自立	1966年3月6日	上海	厅级	3800	3000	220	7020	552	6468
6	吴伟	1975年11月10日	西安	科级	2300	1000	220	3520	202	3318
7	王自强	1967年9月1日	武汉	厅级	3600	3000	220	6820	532	6288
8	王凯东	1981年10月25日	广州	办事员	2200	500	220	2920	142	2778
9	王建国	1979年8月1日	西安	办事员	2000	500	220	2720	122	2598
10	王芳	1973年8月16日	上海	科级	2600	1000	220	3820	232	3588
11	王尔卓	1977年5月7日	上海	办事员	2200	500	220	2920	142	2778
12	石明丽	1980年4月29日	北京	办事员	2200	500	220	2920	142	2778
13	刘国栋	1978年11月2日	武汉	办事员	2000	500	220	2720	122	2598
14	林晓鸥	1971年5月23日	武汉	处级	3000	2000	220	5220	372	4848
15	林秋雨	1969年2月26日	北京	处级	3300	2000	220	5520	402	5118
16	李晓明	1981年1月26日	上海	办事员	2200	500	220	2920	142	2778
17	李达	1978年2月3日	广州	办事员	2200	500	220	2920	142	2778
18	金玲	1974年5月15日	广州	科级	2500	1000	220	3720	222	3498
19	郭瑞芳	1972年11月17日	北京	科级	2700	1000	220	3920	242	3678
20	邓卓月	1970年8月24日	广州	处级	3100	2000	220	5320	382	4938
21	陈向阳	1975年2月11日	武汉	科级	2400	1000	220	3620	212	3408
22	陈伟达	1966年12月3日	广州	厅级	3700	3000	220	6920	542	6378
23	陈强	1972年2月19日	西安	处级	2900	2000	220	5120	362	4758

图 10 – 8　公式自动填充结果

10.4.4　任务 4——验证数据有效性

1. 任务描述

在给工作表输入数据的过程中，通过设置数据有效性验证，减少原始数据输入错误。

2. 操作步骤

（1）选定需要手动输入数据的单元格区域。拖动鼠标选定单元格区域 F3：F25。

（2）选择"数据"→"数据验证"选项，打开"数据验证"对话框，如图 10 – 9 所示。

（3）选择"设置"选项卡，在"允许"下拉列表中选择"整数"选项，在"数据"下拉列表中选择"介于"选项，在"最小值"文本框中输入"1 000"，在"最大值"文本框中输入"4 000"，并勾选"忽略空值"复选框，如图 10 – 10 所示。

（4）选择"输入信息"选项卡，勾选"选定单元格时显示输入信息"复选框，在"标题"文本框中输入"数据输入规则"，在"输入信息"文本框中输入"请输入 1 000 ~ 4 000 的整数值"，如图 10 – 11 所示。

图 10-9　设置数据有效性

图 10-10　"数据验证"对话框

图 10-11　"输入信息"选项卡

（5）选择"出错警告"选项卡，选择"输入无效数据时显示出错警告"选项，在"样式"下拉列表中选择"停止"选项，在"标题"文本框中输入"录入数据错误"，在"错误信息"文本框中输入"输入了非1 000～4 000的整数值"，如图10-12所示。

图 10-12　"出错警告"选项卡

（6）设置完成后单击"确定"按钮，返回工作表。

10.4.5 任务5——美化工作表

1. 任务描述

一个好的工作表，不仅要求有准确的计算公式、友好的输入界面，还要求有清晰美丽的外观，所以要对工作表进行必要的美化。

2. 操作步骤

（1）选中单元格区域 A2：K2，通过"开始"选项卡设置字体为宋体，字号为 12 号，字型为加粗，底纹为浅蓝色，文字颜色为白色。

（2）选中单元格区域 A3：A25，设置字体为宋体，字号为 11 号，底纹为紫色，文字颜色为白色。

（3）设置员工信息区域（即单元格区域 B3：E25）的底纹为浅绿色；收入区域（即单元格区域 F3：I25）的底纹为橙色，个人所得税区域（即单元格区域 J3：J25）的底纹为黄色，实发工资区域（即单元格区域 K3：K25）的底纹为茶色。这样，各项收支区域区分开来，一目了然。

（4）选中单元格区域 A2：K25，为表格添加所有的内外框线，线型选用"细实线"。

（5）选中单元格区域 B3：K25，设置字体为宋体加粗，字号为 11 号，居中对齐。美化效果如图 10－13 所示。

工号	姓名	出生年月	分公司	职务等级	基本工资	岗位津贴	生活补贴	应发工资	个人所得税	实发工资
1	赵琳	1976年8月8日	北京	办事员	2200	500	220	2920	142	2778
2	赵宏伟	1965年6月7日	北京	厅级	3900	3000	220	7120	562	6558
3	张伟建	1968年5月30日	西安	厅级	3500	3000	220	6720	522	6198
4	杨志远	1969年11月25日	上海	处级	3200	2000	220	5420	392	5028
5	徐自立	1966年3月6日	上海	厅级	3800	3000	220	7020	552	6468
6	吴伟	1975年11月10日	西安	科级	2300	1000	220	3520	202	3318
7	王自强	1967年9月1日	武汉	厅级	3600	3000	220	6820	532	6288
8	王凯东	1981年10月25日	广州	办事员	2200	500	220	2920	142	2778
9	王建国	1979年8月1日	西安	办事员	2000	500	220	2720	122	2598
10	王芳	1973年8月16日	上海	科级	2600	1000	220	3820	232	3588
11	王尔卓	1977年5月7日	上海	办事员	2200	500	220	2920	142	2778
12	石明丽	1980年4月29日	北京	办事员	2200	500	220	2920	142	2778
13	刘国栋	1978年11月2日	武汉	办事员	2000	500	220	2720	122	2598
14	林晓鸥	1971年5月23日	武汉	处级	3000	2000	220	5220	372	4848
15	林秋雨	1969年2月26日	北京	处级	3300	2000	220	5520	402	5118
16	李晓明	1981年1月26日	上海	办事员	2200	500	220	2920	142	2778
17	李达	1978年2月3日	广州	办事员	2200	500	220	2920	142	2778
18	金玲	1974年5月15日	广州	科级	2500	1000	220	3720	222	3498
19	郭瑞芳	1972年11月17日	北京	科级	2700	1000	220	3920	242	3678
20	邓卓月	1970年8月24日	广州	处级	3100	2000	220	5320	382	4938
21	陈向阳	1975年2月11日	武汉	科级	2400	1000	220	3620	212	3408
22	陈伟达	1966年12月3日	广州	厅级	3700	3000	220	6920	542	6378
23	陈强	1972年2月19日	西安	处级	2900	2000	220	5120	362	4758

天行公司2019年11月员工工资表

11月工资

图 10－13　美化效果

10.4.6 任务6——设置条件格式

1. 任务描述

在 Excel 2016 中，通过设置条件格式，可以将某些满足特定条件的单元格以指定的格式显示，以达到突出显示的目的。

2. 操作步骤

（1）选中实发工资区域（即单元格区域 K3：K25）。

（2）选择"开始"→"条件格式"→"项目选取规则"→"低于平均值"选项，如图 10−14 所示。

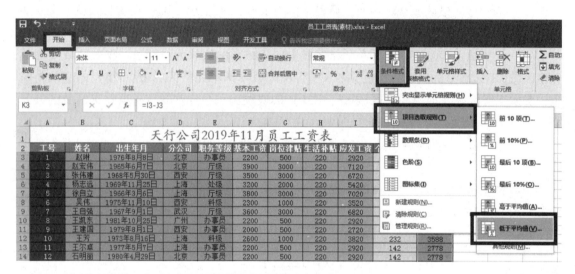

图 10−14 "低于平均值"选项

（3）在打开的"低于平均值"对话框中，在"针对选定区域，设置为"下拉列表中选择"浅红填充色深红色文本"选项，单击"确定"按钮，如图 10−15 所示。

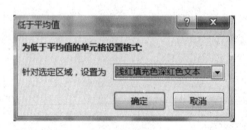

图 10−15 "低于平均值"对话框

（4）参照上述步骤，"实发工资"列将会得到自动标记的符合条件格式设定的结果，如图 10−16 所示。

A	B	C	D	E	F	G	H	I	J	K
			天行公司2019年11月员工工资表							
工号	姓名	出生年月	分公司	职务等级	基本工资	岗位津贴	生活补贴	应发工资	个人所得税	实发工资
1	赵琳	1976年8月8日	北京	办事员	2200	500	220	2920	142	2778
2	赵宏伟	1965年6月7日	北京	厅级	3900	3000	220	7120	562	6558
3	张伟建	1968年5月30日	西安	厅级	3500	3000	220	6720	522	6198
4	杨志远	1969年11月25日	上海	处级	3200	2000	220	5420	392	5028
5	徐自立	1966年3月6日	上海	厅级	3800	3000	220	7020	552	6468
6	吴伟	1975年11月1日	西安	科级	2300	1000	220	3520	202	3318
7	王自强	1967年9月1日	武汉	厅级	3600	3000	220	6820	532	6288
8	王凯东	1981年10月25日	广州	办事员	2200	500	220	2920	142	2778
9	王建国	1979年8月1日	西安	办事员	2000	500	220	2720	122	2598
10	王芳	1973年8月16日	上海	科级	2600	1000	220	3820	232	3588
11	王尔卓	1977年5月7日	上海	办事员	2200	500	220	2920	142	2778
12	石明丽	1983年4月29日	北京	办事员	2200	500	220	2920	142	2778
13	刘国栋	1978年11月2日	武汉	办事员	2000	500	220	2720	122	2598
14	林晓鸥	1971年5月23日	武汉	处级	3000	2000	220	5220	372	4848
15	林秋雨	1969年2月26日	北京	处级	3300	2000	220	5520	402	5118
16	李晓明	1981年1月26日	上海	办事员	2200	500	220	2920	142	2778
17	李达	1978年2月3日	广州	办事员	2200	500	220	2920	142	2778
18	金玲	1974年5月15日	广州	科级	2500	1000	220	3720	222	3498
19	郭瑞芳	1972年11月17日	北京	科级	2700	1000	220	3920	242	3678
20	邓卓月	1970年8月24日	广州	处级	3100	2000	220	5320	382	4938
21	陈向阳	1975年2月11日	武汉	科级	2400	1000	220	3620	212	3408
22	陈伟达	1966年12月3日	广州	厅级	3700	3000	220	6920	542	6378
23	陈强	1972年2月19日	西安	处级	2900	2000	220	5120	362	4758

图 10 - 16　设置条件格式的结果

10.4.7　任务 7——保护工作表

1. 任务描述

为了保护一些敏感的公式及数据不被修改，Excel 2016 提供了保护工作表的功能。

2. 操作步骤

保护工作表的实质是保护被锁定的单元格。

（1）选中所有用公式填充的单元格区域，即选中 G3：G25 和 I3：K25 两个单元格区域，不连续的区域可按住 Ctrl 键选择，如图 10 - 17 所示。

（2）选择"开始"→"格式"→"锁定单元格"命令，如图 10 - 18 所示。

（3）选择"审阅"→"保护工作表"命令，打开"保护工作表"对话框，如图 10 - 19 所示。

（4）勾选"保护工作表及锁定的单元格内容"复选框；在"取消工作表保护时使用的密码"文本框中输入工作表的保护密码，比如输入"123"，下次取消保护时需要用到此密码；在"允许此工作表的所有用户进行"列表框中选择"选定未锁定的单元格"选项，如图 10 - 20 所示。设置完成后单击"确定"按钮，返回工作表。

（5）保护工作表后，则选定的公式函数区域都不能选定，更不能进行修改及设置，但是没有锁定的其他区域可以选定和修改。如需要取消保护，选择"审阅"→"撤消工作表保护"命令，在弹出的密码框中输入刚刚设置的密码，即可撤销工作表保护，恢复默认设置，如图 10 - 21 所示。

	A	B	C	D	E	F	G	H	I	J	K
1				天行公司2019年11月员工工资表							
2	工号	姓名	出生年月	分公司	职务等级	基本工资	岗位津贴	生活补贴	应发工资	个人所得税	实发工资
3	1	赵琳	1976年8月8日	北京	办事员	2200	500	220	2920	142	2778
4	2	赵宏伟	1965年6月7日	北京	厅级	3900	3000	220	7120	562	6558
5	3	张伟建	1968年5月30日	西安	厅级	3500	3000	220	6720	522	6198
6	4	杨志远	1969年11月25日	上海	处级	3200	2000	220	5420	392	5028
7	5	徐自立	1966年3月6日	上海	厅级	3800	3000	220	7020	552	6468
8	6	吴伟	1975年11月10日	西安	科级	2300	1000	220	3520	202	3318
9	7	王自强	1967年9月1日	武汉	厅级	3600	3000	220	6820	532	6288
10	8	王凯东	1981年10月25日	广州	办事员	2200	500	220	2920	142	2778
11	9	王建国	1979年8月1日	西安	办事员	2000	500	220	2720	122	2598
12	10	王芳	1973年8月16日	上海	科级	2600	1000	220	3820	232	3588
13	11	王卓	1977年5月7日	上海	办事员	2200	500	220	2920	142	2778
14	12	石明丽	1980年4月29日	北京	办事员			220			
15	13	刘国栋	1978年11月2日	武汉	办事员			220			
16	14	林晓鸥	1971年5月23日	武汉	处级	3000	2000	220	5220	372	4848
17	15	林秋雨	1969年2月26日	北京	处级	3300	2000	220	5520	402	5118
18	16	李晓明	1981年1月26日	上海	办事员	2200	500	220	2920	142	2778
19	17	李达	1978年2月3日	广州	办事员	2200	500	220	2920	142	2778
20	18	金玲	1974年5月15日	广州	科级	2500	1000	220	3720	222	3498
21	19	郭瑞芳	1972年11月17日	北京	科级	2700	1000	220	3920	242	3678
22	20	邓卓月	1970年8月24日	广州	科级	3100	2000	220	5320	382	4938
23	21	陈向阳	1977年2月11日	武汉	科级	2400	1000	220	3620	212	3408
24	22	陈伟达	1966年12月3日	广州	厅级	3700	3000	220	6920	542	6378
25	23	陈强	1972年2月19日	西安	处级	2900	2000	220	5120	362	4758

按住Ctrl键可将两个区域同时选定

图 10-17　选定两个不连续的单元格区域

图 10-18　"锁定单元格"命令

图 10 – 19　　"保护工作表"命令

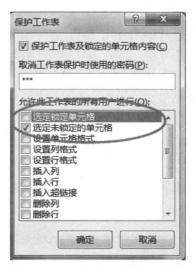

图 10 – 20　　"保护工作表"对话框

图 10 – 21　　"撤消工作表保护"命令

10.5　知识拓展

10.5.1　单元格和单元格区域

1. 单元格

Excel 2016 工作表的基本元素是单元格，单元格内可以包含文字、数字或公式。在工作表内每行、每列的交点就是一个单元格。在 Excel 2016 中，一个工作表最多可包含 256 列和 65 536 行，列名用字母及字母组合 A ~ Z，AA ~ AZ，BA ~ BZ，……，IA ~ IV 表示，行名用自然数 1 ~ 65 536 表示。因此，一个工作表最多可以有 256 × 65 536 个单元格。

单元格在工作表中的位置用地址标示，即单元格所在列的列名和所在行的行名组成该单元格的地址，其中列名在前，行名在后。例如，第 C 列和第 4 行交点的单元格的地址是 C4。单元格的地址也称为单元格的引用。

单元格的地址有 3 种表示方法：

（1）相对地址：直接用列号和行号组成，如 A1、IV25 等。

（2）绝对地址：在列号和行号前加上"＄"符号，如＄B＄2、＄BB＄8 等。

（3）混合地址：在列号或行号前加上"＄"符号，如＄B2、E＄8 等。

这 3 种不同形式的单元格地址在复制公式时，产生的结果可能是完全不同的。

单元格地址还有另外一种表示方法。如第 3 行和第 4 列交点的单元格可以表示为 R3C4，其中 R 表示 Row（行），C 表示 Column（列）。

一个完整的单元格地址除了列号、行号外，还要加上工作簿名和工作表名。其中工作簿名用方括号"［　］"括起来，工作表名与列号、行号之间用"！"号隔开，如［Sales. xls］Sheet1！C3 表示工作簿"Sales. xls"中 Sheet1 工作表的 C3 单元格。而 Sheet2！B8 则表示工作表 Sheet2 的 B8 单元格。这种加上工作表名和工作簿名的单元格地址表示方法，是为了方便用户在不同工作簿的多个工作表之间进行数据处理，在不引起误会时可以不用此种表示方法。

2. 单元格区域

单元格区域是指由工作表中一个或多个单元格组成的矩形区域。区域的地址由矩形对角的两个单元格的地址组成，中间用冒号（:）相连。如 B2：E8 表示从左上角是 B2 的单元格到右下角是 E8 单元格的一个连续区域。区域地址前同样也可以加上工作表名和工作簿名以进行多工作表之间的操作。如 Sheet5！A1：C8。

3. 单元格和单元格区域的选择及命名

在 Excel 2016 中，许多操作都是和区域直接相关的。一般来说，要在进行操作（如输入数据、设置格式、复制等）之前，预先选择单元格或单元格区域，被选中的单元格或单元格区域，称为当前单元格或当前单元格区域。

1）选择单元格

用鼠标单击某单元格，即选中该单元格。

用鼠标单击某行名或某列名，即选中该行或列。

2）选择单元格区域

选择单元格区域的方法有多种：

在所要选择的单元格区域的任意一个角单击鼠标左键并拖曳至单元格区域的对角，释放鼠标的左键。如在 A1 单元格单击鼠标左键后，拖曳至 D8，则选择了单元格区域 A1：D8。

在所要选择的单元格区域的任意一个角单击鼠标左键，然后释放鼠标，再把鼠标指向单元格区域的对角，按住 Shift 键，同时单击鼠标左键。如在 A1 单元格单击鼠标左键后，释放鼠标，然后将鼠标指向单元格 D8，在按住 Shift 键的同时单击鼠标左键，则选择了单元格区域 A1：D8。

在编辑栏的"名称"框中，直接输入"A1：D8"，即可选中单元格区域 A1：D8。如果要选择若干个连续的列或行，也可直接在"名称"框中输入。如输入"A：BB"表示选中A列~BB列；输入"1：30"表示选中第1~第30行。

如果要选择多个不连续的单元格、行、列或单元格区域，可以在选择一个单元格区域后，按住Ctrl键，再选取第2个单元格区域。

3）单元格或单元格区域的命名

在选择了某个单元格或单元格区域后，可以为某个单元格或单元格区域赋予一个名称。有意义的名称可以使单元格或单元格区域变得直观明了，容易记忆和被引用。命名的方法如下：

首先选中要命名的单元格或单元格区域，然后用单击编辑栏的"名称"框，在"名称"框内输入一个名称，并按Enter键。注意，名称中不能包含空格。

选中要命名的单元格或单元格区域，选择"插入"→"名称"→"定义"选项，在弹出的对话框中，可以添加对单元格区域的命名，也可以清除不需要的单元格或单元格区域名称，如图10－22所示。

定义了名称后，单击"名称"框的下拉按钮，选中所需的名称，即可利用名称快速定位（或选中）该名称所对应的单元格或单元格区域。

定义了名称后，凡是可输入单元格或单元格区域地址的地方，都可以使用其对应的名称，效果一样。在一个工作簿中，名称是唯一的。也就是说，

图10－22　"新建名称"对话框

定义了一个名称后，该名称在工作簿的各个工作表中均可共享。

10.5.2　公式及其使用

1. 公式及其输入

公式是由运算对象和运算符组成的序列。公式由等号（=）开始，可以包含运算符，以及运算对象常量、单元格引用（地址）和函数等。Excel 2016有数百个内置的公式，称为函数。这些函数也可以实现相应的计算。一个Excel 2016的公式最多可以包含1 024个字符。

Excel 2016中的公式有下列基本特性：

（1）全部公式以等号开始；

（2）输入公式后，其计算结果显示在单元格中；

（3）当选定了一个含有公式的单元格后，该单元格的公式就显示在编辑栏中。

要往一个单元格中输入公式，选中单元格后就可以输入。例如，假定单元格B1和B2中已分别输入"1"和"2"，选定单元格A1并输入"=B1＋B2"，按Enter键，则在A1单元格中就出现计算结果"3"。这时，如果再选定单元格A1，在编辑栏中则显示其公式"=B1＋B2"。

编辑公式与编辑数据相同，可以在编辑栏中，也可以在单元格中。双击一个含有公式的单元格，该公式就在单元格中显示。如果要同时看到工作表中的所有公式，可按"Ctrl＞+`（感叹号左边的那个键）"组合键，可以在工作表上交替显示公式和数值。

注：当编辑一个含有单元格引用（特别是单元格区域引用）的公式时，在编辑没有完成之前就移动鼠标光标，可能会产生意想不到的错误结果。

2. 公式中的运算符

Excel 2016 的运算符有三大类，其优先级从高到低依次为：算术运算符、文本运算符、比较运算符。

1）算术运算符

Excel 2016 所支持的算术运算符的优先级从高到低依次为：%（百分比）、^（乘幂）、*（乘）和/（除）、+（加）和 –（减）。

例如："=2+3""=7/2""=2*3+20%""=2^10"都是使用算术运算符的公式。

2）文本运算符

Excel 2016 的文本运算符只有一个用于连接文字的符号"&"。

例如：

公式：="Computer "&"Center"   结果：Computer Center

若 A1 单元格中的数值为 1 680，则

公式：="My Salary is"& A1   结果：My Salary is 1680

3）比较运算符

Excel 2016 中的比较运算符有 6 个，其优先级从高到低依次为：=（等于）、<（小于）、>（大于）、<=（小于等于）、>=（大于等于）、<>（不等于）。

比较运算的结果为逻辑值 TRUE（真）或 FALSE（假）。例如，假设 A1 单元格中有值 28，则公式"=A1>28"的值为 FALSE，公式"=A1<50"的值为 TRUE。

在使用公式时需要注意，公式中不能包含空格（除非在引号内，因为空格也是字符）。字符必须用引号括起来。另外，公式中运算符两边一般需要搭配相同的数据类型，虽然 Excel 2016 也允许在某些场合对不同类型的数据进行运算。

3. 单元格的引用

在公式中引用单元格或单元格区域，公式的值会随着所引用单元格的值的变化而变化。例如：在 F3 单元格中求 B3、C3、D3 和 E3 四个单元的合计数。先选定 F3 单元格并输入公式"=B3+C3+D3+E3"，按 Enter 键后 F3 单元格中出现自动计算结果，这时如果修改 B3、C3、D3 和 E3 单元格中任一单元格的值，F3 单元格中的值也将随之改变。

公式中可以引用另一个工作表的单元格或单元格区域，甚至引用另一工作簿中的单元格或单元格区域。例如，在 Sheet1 工作表的单元格 A1 中输入"Michael"；单击 Sheet2 工作表标签，在工作表 Sheet2 的单元格 B2 中输入公式"=Sheet1！A1"，则工作表 Sheet2 的 B2 单元格中的值也为"Michael"。若要引用另一工作簿的单元格或单元格区域，只需在引用单元格或单元格区域的地址前冠以工作簿名称。

单元格或单元格区域的引用有相对地址、绝对地址和混合地址多种形式。在不涉及公式复制或移动的情形下，任一种形式的地址的计算结果都是一样的。如果对公式进行复制或移动，不同形式的地址产生的结果可能完全不同。

4. 公式的复制

公式的复制与数据的复制的操作方法相同。但当公式中含有单元格或单元格区域的引用时，根据地址形式的不同，计算结果将有所不同。当一个公式从一个位置复制到另一个位置时，Excel 2016 能对公式中的引用地址进行调整。

1）公式中引用的地址是相对地址

当公式中引用的地址是相对地址时，公式按相对寻址进行调整。例如 A3 单元格中的公式"= A1 + A2"复制到 B3 单元格中会自动调整为"= B1 + B2"。

公式中引用的地址是相对地址时，调整规则为：

$$新行地址 = 原行地址 + 行地址偏移量$$
$$新列地址 = 原列地址 + 列地址偏移量$$

2）公式中引用的地址是绝对地址

不管把公式复制到什么位置，引用地址被锁定，这种寻址称作绝对寻址。例如 A3 单元格中的公式"= \$ A \$ 1 + \$ A \$ 2"复制到 B3 单元格中，仍然是"= \$ A \$ 1 + \$ A \$ 2"。

公式中引用的地址是绝对地址时进行绝对寻址。

3）公式中引用的地址是混合地址

在复制过程中，如果地址的一部分（行或列）固定，其他部分（列或行）是变化的，则这种寻址称为混合寻址。例如 A3 单元格中的公式"= \$ A1 + \$ A2"复制到 B4 单元格中，变为"= \$ A2 + \$ A3"，其中，列固定，行变化（变换规则和相对寻址相同）。

公式中引用的地址是混合地址时进行混合寻址。

4）被引用单元格的移动

当公式中引用的单元格或单元格区域被移动时，因原地址的数据已不存在，Excel 2016 根据其移动的方式及地点，将给出不同的结果。

不管公式中引用的是相对地址、绝对地址还是混合地址，当被引用的单元格或单元格区域移动后，公式的引用地址都将调整为移动后的地址，即使被移动到另外一个工作表也不例外。例如，A1 单元格中有公式"= \$ B6 * C8"，把 B6 单元格移动到 D8 单元格，把 C8 单元格移动到 Sheet2 的 A7 单元格，则 A1 单元格中的公式变为"= \$ D8 * Sheet2！A7"。

5. 公式的移动

当公式被移动时，引用地址还是原来的地址。例如，C1 单元格中有公式"= A1 + B1"，若把 C1 单元格移动到 D8 单元格，则 D8 单元格中的公式仍然是"= A1 + B1"。

10.5.3 函数的使用

函数是 Excel 2016 附带的预定义或内置公式。函数可作为独立的公式单独使用，也可以用于另一个公式中甚至另一个函数内。一般来说，每个函数可以返回（而且肯定要返回）一个计算结果值，而数组函数则可以返回多个值。

Excel 2016 共提供了九大类、300 多个函数，包括数学与三角函数、统计函数、数据库函数、逻辑函数等。函数由函数名和参数组成，格式如下：

$$函数名（参数1，参数2，…）$$

函数的参数可以是具体的数值、字符、逻辑值，也可以是表达式、单元格地址、单元格区域地址、单元格区域名称等。函数本身也可以作为参数。一个函数即使没有参数，也必须加上括号。

1. 函数的输入与编辑

函数是以公式的形式出现的，在输入函数时，可以直接以公式的形式编辑输入，也可以使用 Excel 2016 提供的"插入函数"按钮。

1）直接输入

选定要输入函数的单元格，输入"="和函数名及参数，按 Enter 键即可。例如，要在 H1 单元格中计算单元格区域 A1：G1 中所有单元格中数值的和，可以选定 H1 单元格后，直接输入"=SUM（A1:G1）"，再按 Enter 键。

2）使用"插入函数"按钮

当需要输入函数时，单击编辑栏左边的"插入函数"按钮，弹出"插入函数"对话框。

该对话框中提供了函数的搜索功能，并在"选择类别"下拉列表中给出了所有不同类型的函数，"选择函数"列表框中则给出了被选中的函数类型所属的全部函数。选中某一函数后，单击"确定"按钮，弹出"函数参数"对话框，其中显示了函数的名称、函数的每个参数、函数功能和参数的描述、函数的当前结果和整个公式的结果。

2. 函数应用实例

例：在 H1 单元中计算单元格区域 A1：G1 中所有单元格的数值之和。

操作步骤如下：

（1）选定单元格 H1，单击编辑栏左边的"插入函数"按钮，弹出"插入函数"对话框，如图 10 – 23 所示。

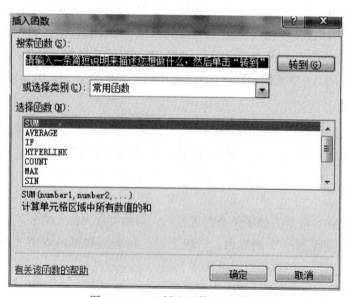

图 10 – 23 "插入函数"对话框

（2）在"选择类别"下拉列表中选择"常用函数"选项，在"选择函数"列表框中选择"SUM"选项，单击"确定"按钮，弹出"函数参数"对话框，如图 10 – 24 所示。

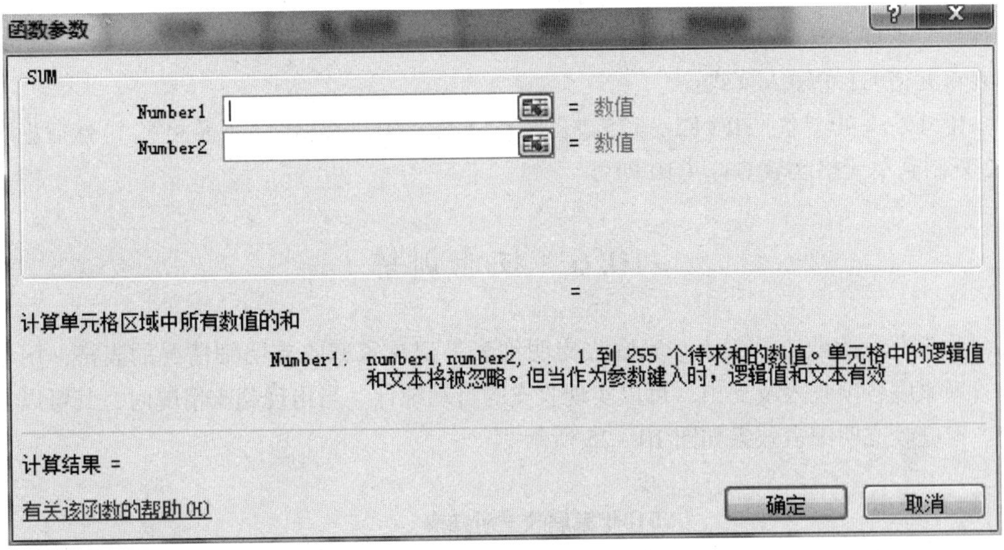

图 10 – 24 "函数参数"对话框

（3）在"函数参数"对话框的"Number1"框中输入"A1：G1"，或者用鼠标在工作表选中该区域，再单击"确定"按钮。

操作完毕后，在 H1 单元格中显示计算结果。

10.5.4 SUM 函数的使用

求和函数 SUM(x1,x2,⋯) 返回包含在引用中的数值的总和。x1，x2 等可以是对单元格、单元格区域的引用或实际值。例如：SUM(A1：A5,C6：C8) 返回单元格区域 A1：A5 和 C6：C8 中的数值的总和。

10.5.5 IF 函数的使用

条件函数 IF(x, n1, n2) 根据逻辑值 x 进行判断，若 x 的值为 TRUE，则返回 n1，否则返回 n2，其中 n2 可以省略，例如 IF(E2 > 89,"A")。

例：在工作表中已有某单位职工的部分信息，包括姓名、工龄、基本工资、工龄工资、总工资等，分别位于 A、B、C、D、E 列，第 1 行为字段信息，第 2 ~ 第 20 行为职工信息。其中姓名、工龄、基本工资的数据已输入。现在要根据工龄计算工龄工资，计算规则为：工龄大于等于 5 年的，工龄工资为每年 10 元；工龄小于 5 年的，工龄工资为每年 5 元。

操作步骤如下：

在单元格 D2 中输入公式" = IF(B2 >= 5,10 * B2,5 * B2)"，把单元格 D2 复制到单元格区域 D3：D20，即得到计算结果。

IF 函数可以嵌套使用，最多嵌套 7 层，用 n1 及 n2 参数可以构造复杂的检测条件。

例：假设考试成绩在单元格区域 F2：F10 中，要在单元格区域 G2：G10 中根据考试成绩自动给出其等级：考试成绩≥90 分的为优，考试成绩 75～89 分的为良，考试成绩 60～74 分的为及格，考试成绩在 60 分以下的为不及格。

操作步骤如下：

在单元格 G2 中输入公式：

= IF(F2 >= 90,"优",IF(F2 >= 75,"良",IF(F2 >= 60,"及格","不及格")))然后把单元格 G2 复制到单元格区域 G3：G10 即可。

10.6 技能训练

（1）制作家庭收支明细表。家庭收支明细表是记录家庭收支明细情况的表格，用于统计及管理家庭各项收入及支出，可以实现收支的自动统计。当出现超支情况时，其可以自动预警。家庭收支明细表效果如图 10－25 所示。

图 10－25 家庭收支明细表效果

（2）制作商品库存管理表。注意"当前数目"（上月结转＋本月入库数－本月出库数）、"溢短"（标准库存数－当前数目）、"库存金额"（成本×当前数目）字段均由公式构成，效果如图 10－26 所示。

| 2010 年 1 月份商品库存管理表 | ★ 在 "本月入库数" 和 "出库数" 中输入数值 |

商品代码	商品名称	上月结转	本月入库数	本月出库数	当前数目	标准库存数	溢短		单价	成本	库存金额
000-01	雀巢咖啡	625	0	130	495	500	-5		200	140	69,300
000-02	青岛啤酒	690	0	160	530	500	30		100	70	37,100
					0		0			0	0
					0		0			0	0
					0		0			0	0
					0		0			0	0
					0		0			0	0
					0		0			0	0
					0		0			0	0
					0		0			0	0
					0		0			0	0
					0		0			0	0
					0		0			0	0
					0		0			0	0
					0		0			0	0
					0		0			0	0
					0		0			0	0
					0		0			0	0
					0		0			0	0
					0		0			0	0
					0		0			0	0
					0		0			0	0
					0		0			0	0
					0		0			0	0

▶ ▶H 1月 2月

图 10 - 26　商品库存管理表效果

项目十一

销售统计分析

11.1 项目目标

本项目的主要目标是让读者掌握 Excel 2016 所提供的排序、筛选、分类汇总、数据透视表及数据透视图等功能，对数据清单进行立体、全方位的分析统计的方法。

11.2 项目内容

本项目的主要内容是根据商品销售记录的电子表格，对商品销售记录原始数据进行全方位的统计分析，对数据进行排序、筛选、分类汇总，生成数据透视图、表。商品销售记录原始数据清单如图 11-1 所示。

编号	销售日期	销售人员	品牌	商品类型	型号	商品单价	销售数量	销售金额
\multicolumn{9}{c}{商品销售记录}								
SP0007	2013/2/9	林秋雨	方正	笔记本	方正T400IG-T440AQ	3999	5	
SP0011	2013/2/10	林秋雨	方正	笔记本	方正R430IG-I333AQ	5499	6	
SP0022	2013/4/3	马云腾	宏基	笔记本	Acer 4745G	5299	8	
SP0009	2013/2/9	王国栋	宏基	笔记本	Acer 4740G	4700	6	
SP0015	2013/3/9	赵宏伟	惠普	笔记本	惠普CQ35-217TX	5100	3	
SP0023	2013/4/4	林秋雨	联想	笔记本	联想Y460A-ITH（白）	5999	10	
SP0012	2013/2/10	王国栋	联想	笔记本	联想Y450A-TSI（E）白	5150	10	
SP0001	2013/2/8	林秋雨	IBM	服务器	System x3652-M2	15000	2	
SP0003	2013/2/9	林秋雨	IBM	服务器	System x3100	5500	3	
SP0008	2013/2/9	马云腾	IBM	服务器	System x3850-M2	57500	3	
SP0016	2013/3/10	马云腾	IBM	服务器	System x3250-M2	6000	3	
SP0002	2013/2/8	赵宏伟	方正	服务器	方正圆明LT300 1800	9500	5	
SP0010	2013/2/9	马云腾	方正	服务器	方正圆明MR100 2200	18500	2	
SP0014	2013/3/8	林秋雨	惠普	服务器	HP ProLiant DL380 G6(491505-AA1)	16500	1	
SP0013	2013/2/10	王国栋	惠普	服务器	HP ProLiant ML150 G6(AU659A)	9500	5	
SP0020	2013/4/1	林秋雨	联想	服务器	万全 T100 G10	5499	6	
SP0019	2013/4/1	赵宏伟	联想	服务器	万全 T350 G7	23000	8	
SP0021	2013/4/2	王国栋	联想	服务器	万全 T168 G6	9888	4	
SP0004	2013/2/8	赵宏伟	方正	台式机	方正飞越 A800-4E31	4000	15	
SP0017	2013/3/11	林秋雨	联想	台式机	联想扬天 A4600R（E5300）	3550	17	
SP0005	2013/2/8	赵宏伟	联想	台式机	联想家悦 R500	3398	18	
SP0006	2013/2/9	马云腾	联想	台式机	联想家悦 E3630	4699	19	
SP0018	2013/4/1	王国栋	联想	台式机	联想IdeaCentre K305	5199	16	

图 11-1 商品销售记录原始数据清单

11.3　方案设计

11.3.1　总体设计

建立新工作簿，保存并命名，建立销售统计分析表基本结构的设置，输入原始数据，通过商品销售记录表进行数据的管理操作，根据要求对数据重新排序，在有查找需要的时候，利用筛选和分类汇总功能显示特定数据，最后对选中的原始数据创建数据透视表及数据透视图以分析数据。

11.3.2　任务分解

本项目可分解为如下 6 个任务：

任务 1——制作商品销售记录表；

任务 2——排序分析数据；

任务 3——利用筛选功能查找和分析数据；

任务 4——创建数据透视表；

任务 5——创建数据透视图；

任务 6——利用分类汇总功能分析数据。

11.3.3　知识准备

1. 数据清单

数据清单就是数据库。在一个数据库中，信息按记录存储。每个记录中所包含信息内容的各项称为字段。例如，公司的客户名录中，每一条客户信息就是一个记录，它由字段组成。所有记录的同一字段存放相似的信息。Excel 2016 提供了一整套功能强大的命令集，使管理数据清单（数据库）变得非常容易。

2. 排序

排序是计算机内经常进行的一种操作，其目的是将一组"无序"的记录序列调整为"有序"的记录序列，可以单列排序，也可以整体数据排序。通常按照主关键字、次要关键字和第三关键字排序。排列可分为升序排列和降序排列。

3. 自动筛选和高级筛选

自动筛选和高级筛选都是用来筛选表格中的数据和文字，二者的区别：在自动筛选条件下，表格中的数据被筛选出来后，还在原来的表格上；高级筛选是把表格中的数据筛选出来后，将其复制到空白的单元格中。

4. 数据透视表

数据透视表本质上是一个由数据库生成的动态汇总报告。数据库可以存在于一个工作表

（以表的形式）或一个外部的数据文件中。数据透视表可以将众多行、列中的数据转换成一个有意义的数据报告。

5. 数据透视图

数据透视图是对数据透视表显示的汇总数据的一种图解表示法。数据透视图从来都是基于数据透视表的。虽然 Excel 2016 允许同时创建数据透视表和数据透视图，但不能在没有数据透视表的情况下单独创建数据透视图。

11.4 方案实现

11.4.1 任务1——制作商品销售记录表

1. 任务描述

商品销售记录表用来保存原始数据信息，通过数据清单的格式进行创建，包含编号、销售日期、销售人员、商品类型、品牌、型号、商品单价、销售数量及销售金额各项数据。

2. 操作步骤

（1）新建一个 Excel 2016 工作表，选择"页面布局"→"纸张大小"选项，将页面设置为 A4 纸、纵向，确定后保存文件，命名为"销售统计分析"。

（2）参照图 11－1 建立工作表结构，依次输入表头标题、列标题及所有销售记录，其中"销售金额"项是通过公式"销售金额＝商品单价×销售数量"计算出来的，如图 11－2 所示。

商品销售记录								
编号	销售日期	销售人员	品牌	商品类型	型号	商品单价	销售数量	销售金额
SP0007	2013/2/9	林秋雨	方正	笔记本	方正T400IG-T440AQ	3999	5	19995
SP0011	2013/2/10	林秋雨	方正	笔记本	方正R430IG-I333AQ	5499	6	32994
SP0022	2013/4/3	马云腾	宏基	笔记本	Acer 4745G	5299	8	42392
SP0009	2013/2/9	王国栋	宏基	笔记本	Acer 4740G	4700	6	28200
SP0015	2013/3/9	赵宏伟	惠普	笔记本	惠普CQ35-217TX	5100	3	15300
SP0023	2013/4/4	林秋雨	联想	笔记本	联想Y460A-ITH（白）	5999	10	59990
SP0012	2013/2/10	王国栋	联想	笔记本	联想Y450A-TSI（E）白	5150	10	51500
SP0001	2013/2/8	林秋雨	IBM	服务器	System x3652-M2	15000	2	30000
SP0003	2013/2/8	林秋雨	IBM	服务器	System x3100	5500	3	16500
SP0008	2013/2/9	马云腾	IBM	服务器	System x3850-M2	57500	3	172500
SP0016	2013/3/10	马云腾	IBM	服务器	System x3250-M2	6000	3	18000
SP0002	2013/2/8	赵宏伟	方正	服务器	方正圆明LT300 1800	9500	5	47500
SP0010	2013/2/9	马云腾	方正	服务器	方正圆明MR100 2200	18500	2	37000
SP0014	2013/3/8	林秋雨	惠普	服务器	HP ProLiant DL380 G6(491505-AA1)	16500	1	16500
SP0013	2013/2/10	王国栋	惠普	服务器	HP ProLiant ML150 G6(AU659A)	9500	5	47500
SP0020	2013/4/1	林秋雨	联想	服务器	万全 T100 G10	5499	6	32994
SP0019	2013/4/1	赵宏伟	联想	服务器	万全 T350 G7	23000	8	184000
SP0021	2013/4/2	王国栋	联想	服务器	万全 T168 G6	9888	4	39552
SP0004	2013/2/8	赵宏伟	方正	台式机	方正飞越 A800-4E31	4000	15	60000
SP0017	2013/3/11	林秋雨	联想	台式机	联想扬天 A4600R（E5300）	3550	17	60350
SP0005	2013/2/8	赵宏伟	联想	台式机	联想家悦 R500	3398	18	61164
SP0006	2013/2/9	马云腾	联想	台式机	联想家悦 E3630	4699	19	89281
SP0018	2013/4/1	王国栋	联想	台式机	联想IdeaCentre K305	5199	16	83184

图 11－2 公式计算

（3）将工作表 Sheet1 重命名为"商品销售记录"。

11.4.2　任务2——排序分析数据

1. 任务描述

商品销售记录表中的数据是按照时间的先后顺序输入的，Excel 2016 提供对数据清单进行排序的功能，可以根据一个或几个关键字段对数据记录进行升序或降序排列。

2. 操作步骤

（1）如果针对全部数据排序，只需选中数据清单中的任一单元格。如果要排序的数据区域仅是数据清单的一部分，则需要选择进行排序的完整数据区域。

（2）选择"数据"→"排序"命令，打开"排序"对话框，此时工作表中的数据清单被自动识别并选中。

（3）在"排序"对话框中，在"主要关键字"下拉列表中选择"商品类型"选项，在添加好主要关键字后，单击"添加条件"按钮，此时在对话框中显示"次要关键字"，与设置"主要关键字"的方法相同，在下拉列表中选择"品牌"选项，然后单击"添加条件"按钮，添加第3个排序条件，选择"编号"选项。在选择多列排序条件后，单击"确定"按钮即可看到多列排序后的数据表，如图11-3所示。

图 11-3　"排序"对话框

（4）单击"确定"按钮，返回当前工作表。此时整个数据清单中的数据将以行为单位，首先按照"商品类型"进行升序排列，如果"商品类型"相同，则按照"品牌"进行升序排列，如果还是相同，则按照"编号"升序排列。在 Excel 2016 中，排序条件最多可以支持64个关键字，如图11-4所示。

11.4.3　任务3——利用筛选功能查找和分析数据

1. 任务描述

筛选数据列表就是将不符合特定条件的行隐藏起来，这样可以更方便地对数据进行查看。Excel 2016 提供了两种筛选数据列表的命令。

（1）自动筛选：适用于简单条件的筛选；

（2）高级筛选：适用于复杂条件的筛选。

商品销售记录								
编号	销售日期	销售人员	品牌	商品类型	型号	商品单价	销售数量	销售金额
SP0007	2013/2/9	林秋雨	方正	笔记本	方正T400IG-T440AQ	3999	5	19995
SP0011	2013/2/10	林秋雨	方正	笔记本	方正R430IG-I333AQ	5499	6	32994
SP0009	2013/2/9	王国栋	宏基	笔记本	Acer 4740G	4700	6	28200
SP0022	2013/4/3	马云腾	宏基	笔记本	Acer 4745G	5299	8	42392
SP0015	2013/3/9	赵宏伟	惠普	笔记本	惠普CQ35-217TX	5100	3	15300
SP0012	2013/2/10	王国栋	联想	笔记本	联想Y450A-TSI（E）白	5150	10	51500
SP0023	2013/4/4	林秋雨	联想	笔记本	联想Y460A-ITH（白）	5999	10	59990
SP0001	2013/2/8	林秋雨	IBM	服务器	System x3652-M2	15000	2	30000
SP0003	2013/2/8	林秋雨	IBM	服务器	System x3100	5500	3	16500
SP0008	2013/2/9	马云腾	IBM	服务器	System x3850-M2	57500	3	172500
SP0016	2013/3/10	马云腾	IBM	服务器	System x3250-M2	6000	3	18000
SP0002	2013/2/8	赵宏伟	方正	服务器	方正圆明LT300 1800	9500	5	47500
SP0010	2013/2/9	马云腾	方正	服务器	方正圆明MR100 2200	18500	2	37000
SP0013	2013/2/10	王国栋	惠普	服务器	HP ProLiant ML150 G6(AU659A)	9500	5	47500
SP0014	2013/3/8	林秋雨	惠普	服务器	HP ProLiant DL380 G6(491505-AA1)	16500	1	16500
SP0019	2013/4/1	赵宏伟	联想	服务器	万全 T350 G7	23000	8	184000
SP0020	2013/4/1	林秋雨	联想	服务器	万全 T100 G10	5499	6	32994
SP0021	2013/4/2	王国栋	联想	服务器	万全 T168 G6	9888	4	39552
SP0004	2013/2/8	赵宏伟	方正	台式机	方正飞越 A800-4E31	4000	15	60000
SP0005	2013/2/8	赵宏伟	联想	台式机	联想家悦E R500	3398	18	61164
SP0006	2013/2/9	马云腾	联想	台式机	联想家悦 E3630	4699	19	89281
SP0017	2013/3/11	林秋雨	联想	台式机	联想扬天 A4600R（E5300）	3550	17	60350
SP0018	2013/4/1	王国栋	联想	台式机	联想IdeaCentre K305	5199	16	83184

图 11 - 4   排序后的数据清单

2. 操作步骤

首先进行自动筛选，其一般用于简单条件的筛选，筛选数据中特定的文本或数字。分两个步骤进行自动筛选，第一步筛选出所有服务器的销售记录，第二步筛选出所有售出5台及5台以上服务器的销售记录。

（1）选中数据清单中的任一单元格。

（2）选择"数据"→"筛选"命令，此时在各列标题右侧出现自动筛选下三角按钮"▼"。

（3）单击列标题"商品类型"的自动筛选下三角按钮，在下拉列表中选择"服务器"选项，如图 11 - 5 所示，此时在数据清单中将显示"商品类型"为"服务器"的销售记录。

（4）在上述筛选结果的基础上继续单击列标题"数量"的自动筛选下三角按钮，在下拉列表中选择"数字筛选"→"大于或等于"选项，如图 11 - 6 所示，弹出"自定义自动筛选方式"对话框，如图 11 - 7 所示。

（5）在右侧下拉列表中输入"5"，单击"确定"按钮，此时数据清单中仅显示售出5台以上服务器的销售记录，如图 11 - 8 所示。

（6）如果要撤消筛选，直接单击高亮的"筛选"命令，则又回到全部数据的状态。

当筛选要求较为复杂时，自动筛选无法满足要求，可以使用高级筛选，任意组合筛选条件。例如，要筛选"马云腾"销售"服务器"及"林秋雨"销售"笔记本"的记录，自动筛选无法完成，可使用高级筛选解决此类问题，操作步骤如下：

（1）首先在工作表中输入筛选条件，且必须具有列标题，与数据清单至少间隔一个空行。此时，在单元格区域 C28：D30 中依次输入图 11 - 9 所示条件。

图 11-5　设置自动筛选条件

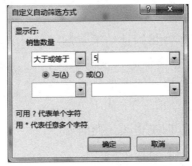

图 11-6　自定义自动筛选设置

图 11-7　"自定义自动筛选"对话框

商品销售记录

编号 ▼	销售日期 ▼	销售人员 ▼	品牌 ▼	商品类 ▼	型号 ▼	商品单 ▼	销售数 ▼	销售金 ▼
SP0002	2013/2/8	赵宏伟	方正	服务器	方正圆明LT300 1800	9500	5	47500
SP0013	2013/2/10	王国栋	惠普	服务器	HP ProLiant ML150 G6(AU659A)	9500	5	47500
SP0019	2013/4/1	赵宏伟	联想	服务器	万全 T350 G7	23000	8	184000
SP0020	2013/4/1	林秋雨	联想	服务器	万全 T100 G10	5499	6	32994

图 11－8　筛选结果

	A	B	C	D	E	F	G	H	I
1					商品销售记录				
2									
3	编号	销售日期	销售人员	品牌	商品类型	型号	商品单价	销售数量	销售金额
4	SP0007	2013/2/9	林秋雨	方正	笔记本	方正T400IG-T440AQ	3999	5	19995
5	SP0011	2013/2/10	林秋雨	方正	笔记本	方正R430IG-I333AQ	5499	6	32994
6	SP0009	2013/2/9	王国栋	宏基	笔记本	Acer 4740G	4700	6	28200
7	SP0022	2013/4/3	马云腾	宏基	笔记本	Acer 4745G	5299	8	42392
8	SP0015	2013/3/9	赵宏伟	惠普	笔记本	惠普CQ35-217TX	5100	3	15300
9	SP0012	2013/2/10	王国栋	联想	笔记本	联想Y450A-TSI（E）白	5150	10	51500
10	SP0023	2013/4/4	林秋雨	联想	笔记本	联想Y460A-ITH（白）	5999	10	59990
11	SP0001	2013/2/8	林秋雨	IBM	服务器	System x3652-M2	15000	2	30000
12	SP0003	2013/2/8	林秋雨	IBM	服务器	System x3100	5500	3	16500
13	SP0008	2013/2/9	马云腾	IBM	服务器	System x3850-M2	57500	3	172500
14	SP0016	2013/3/10	马云腾	IBM	服务器	System x3250-M2	6000	3	18000
15	SP0002	2013/2/8	赵宏伟	方正	服务器	方正圆明LT300 1800	9500	5	47500
16	SP0010	2013/2/10	赵宏伟	方正	服务器	方正圆明MR100 2200	18500	2	37000
17	SP0013	2013/2/10	王国栋	惠普	服务器	HP ProLiant ML150 G6(AU659A)	9500	5	47500
18	SP0014	2013/3/8	林秋雨	惠普	服务器	HP ProLiant DL380 G6(491505-AA1)	16500	1	16500
19	SP0019	2013/4/1	赵宏伟	联想	服务器	万全 T350 G7	23000	8	184000
20	SP0020	2013/4/1	林秋雨	联想	服务器	万全 T100 G10	5499	6	32994
21	SP0021	2013/4/2	王国栋	联想	服务器	万全 T168 G6	9888	4	39552
22	SP0004	2013/2/8	赵宏伟	方正	台式机	方正飞越 A800-4E31	4000	15	60000
23	SP0005	2013/2/8	赵宏伟	联想	台式机	联想家悦 R500	3398	18	61164
24	SP0006	2013/2/9	马云腾	联想	台式机	联想家悦 E3630	4699	19	89281
25	SP0017	2013/3/11	林秋雨	联想	台式机	联想扬天 A4600R（E5300）	3550	17	60350
26	SP0018	2013/4/1	王国栋	联想	台式机	联想IdeaCentre K305	5199	16	83184
27									
28			商品类型	销售人员					
29			服务器	马云腾	输入高级筛选条件				
30			笔记本	林秋雨					
31									

图 11－9　高级筛选操作

（2）选中数据清单中的任意单元格，选择"数据"→"筛选"→"高级筛选"命令，打开"高级筛选"对话框，此时单元格区域 A3：I26 被自动识别并选中。

（3）单击"高级筛选"对话框中"条件区域"右边的"压缩对话框"按钮，选中前面输入的筛选条件区域 C28：D30，再次单击"压缩对话框"按钮，返回"高级筛选"对话框。

（4）在"方式"区域中选择"将筛选结果复制到其他位置"单选按钮，然后在被激活的"复制到"选项框中选择筛选结果的放置位置，这里选择单元格 A32，如图 11－10 所示。

（5）单击"确定"按钮，返回工作表。此时筛选结果被复制到指定位置，如图 11－11 所示。

图 11－10　设置后的"高级筛选"对话框

编号	销售日期	销售人员	品牌	商品类型	型号	商品单价	销售数量	销售金额
		商品类型	销售人员					
		服务器	马云腾					
		笔记本	林秋雨					
编号	销售日期	销售人员	品牌	商品类型	型号	商品单价	销售数量	销售金额
SP0007	2013/2/9	林秋雨	方正	笔记本	方正T400IG-T440AQ	3999	5	19995
SP0011	2013/2/10	林秋雨	方正	笔记本	方正R430IG-I333AQ	5499	6	32994
SP0023	2013/4/4	林秋雨	联想	笔记本	联想Y460A-ITH（白）	5999	10	59990
SP0008	2013/2/9	马云腾	IBM	服务器	System x3850-M2	57500	3	172500
SP0016	2013/3/10	马云腾	IBM	服务器	System x3250-M2	6000	3	18000
SP0010	2013/2/9	马云腾	方正	服务器	方正圆明MR100 2200	18500	2	37000

图 11 - 11 高级筛选结果

11.4.4 任务4——创建数据透视表

1. 任务描述

数据透视表是一种对大量数据进行合并汇总并建立交叉列表的交互式表格，是针对明细数据进行全面分析的最佳工具，其可将排序、筛选和分类汇总有机结合起来，通过转换行和列来查看数据的不同汇总结果，可以显示不同页面以筛选数据，根据需要显示区域中的明细数据。

2. 操作步骤

（1）选中数据清单中的任意单元格，选择"插入"→"数据透视表"选项，如图 11 - 12 所示，打开"创建数据透视表"对话框，如图 11 - 13 所示。

（2）指定要建立数据透视表的数据源区域，一般情况下 Excel 2016 会自动识别并选中整个数据清单区域 A3：I26，如果该区域不符，可重新拖动选择。

（3）在"创建数据透视表"对话框中指定数据透视表的创建位置，这里选择"新工作表"单选按钮，如图 11 - 13 所示，如果选择建立在现有工作表中，则还要指定具体的单元格位置。

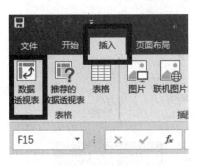

图 11 - 12 插入数据透视表

图 11 - 13 "创建数据透视表"对话框

（4）单击"确定"按钮，一个空白的数据透视表已自动生成在新工作表中，如图 11 - 14 所示。

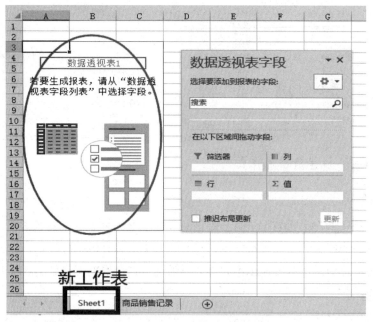

图 11 – 14　空白数据透视表

（5）将"品牌"字段拖动到"报表筛选"区域，将"销售日期"字段拖动到"行标签"区域，将"商品类型"字段拖动到"列标签"区域，将"销售金额"字段拖动到"Σ数值"区域，则得到一个完整的数据透视表，通过该表可以了解某品牌产品的月销售情况，可将此数据透视表称为"某品牌产品销售月报表"。若单击"展开字段"按钮，可显示某品牌产品月销售情况的详细内容，即"某品牌产品销售日报表"，如图 11 – 15 所示。

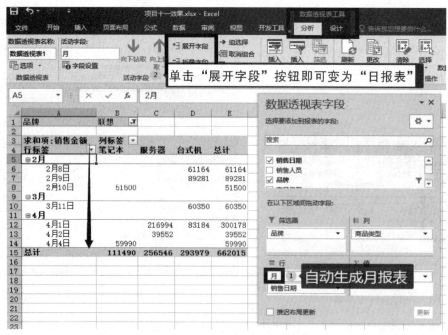

图 11 – 15　生成"某品牌产品销售日报表"

（6）单击"报表筛选"区域中的"品牌"标签旁边的下三角按钮，在列表中选择"联想"，然后单击"确定"按钮返回工作表，此时数据透视表筛选出"联想"的整体销售情况，如图11-16所示。在列表中选择"全部"选项，数据透视表又还原为显示全部的销售记录和汇总情况。

图11-16 品牌销售情况

当前的数据透视表显示的是日销售统计，也可以创建按月、按季度、按年显示的数据透视表。以创建销售季度报表为例，操作步骤如下：

（1）在数据透视表中单击任意单元格，然后选择"数据透视表工具分析"→"组字段"选项，如图11-17所示。

图11-17 字段分组操作

（2）在打开的"组合"对话框的"起始于"及"终止于"文本框中会自动识别原始数据填报的时间，在"步长"区域取消"日""月"选项，重新选择"季度"选项，如图11-18所示。单击"确定"按钮，即可得到销售季度报表，如图11-19所示。

当作为数据透视表数据源的数据清单发生改变时，数据透视表本身并不会随之自动更新，需要手动刷新。首先单击数据透视表，然后选择"选项"→"刷新"→"全部刷新"命令，即可更新数据透视表，如图11-20所示。

图 11 – 18　"组合"对话框

图 11 – 19　销售季度报表

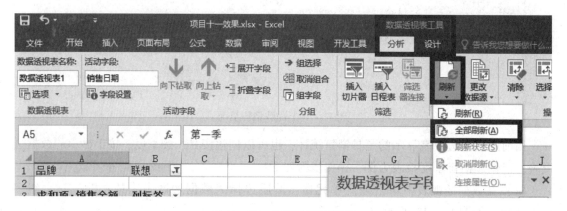

图 11 – 20　更新数据透视表

　　如果要分析每个销售人员的情况，只需将"报表筛选"选择为"销售人员"，其他操作与前面类似，这里不再叙述，即可获得新的数据透视表。

11.4.5　任务 5——创建数据透视图

1. 任务描述

　　可以通过建立的数据透视表创建数据透视图，更为直观地对明细数据进行全面分析，其可显示不同页面以筛选数据，可根据需要显示区域中的明细数据。

2. 操作步骤

　　（1）选择数据透视表，选择"插入"→"图表"→"数据透视图"选项，如图 11 – 21 所示。

图 11 - 21　创建数据透视图

（2）在弹出的"插入图表"对话框中选择"簇状柱形图"，如图 11 - 22 所示。

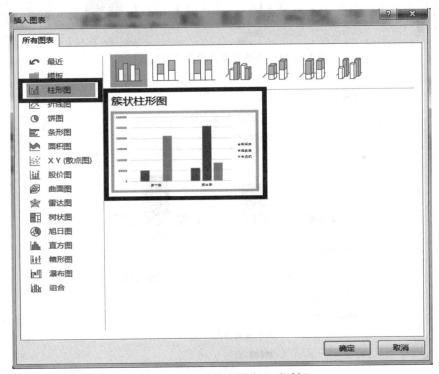

图 11 - 22　"插入图表"对话框

（3）单击"确定"按钮生成数据透视图，如图 11 - 23 所示。

（4）选择"数据透视图工具"→"设计"选项卡，对数据透视图的布局和样式进行调整，如图 11 - 24、图 11 - 25 所示。

（5）通过"品牌""商品类型"和"销售日期"字段的筛选，可以分类显示不同的销售情况。图 11 - 26 所示为联想品牌第二季度的销售情况。

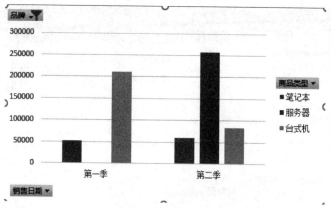

图 11 - 23　数据透视图效果

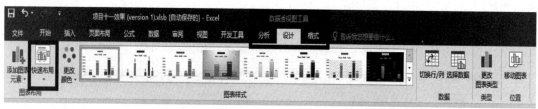

图 11 - 24　调整数据透视图的布局与样式

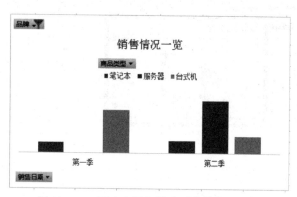

图 11 - 25　更改布局与样式后的数据透视图

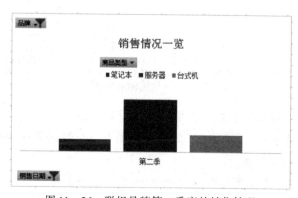

图 11 - 26　联想品牌第二季度的销售情况

11.4.6 任务6——利用分类汇总功能分析数据

1. 任务描述

分类汇总是指在数据清单中对数据进行分类，并按分类进行汇总计算。通过分类汇总，不需要手动创建公式，Excel 2016 将自动进行求和、计数、求平均值和总体方差等汇总计算，并将计算结果分级显示。

2. 操作步骤

在进行分类汇总前，必须对分类的字段进行排序，将同一类数据集中在一起。在当前项目中，按"销售人员"字段对商品销售记录表中的数据进行分类汇总，以获得员工销售商品的数量及销售金额。操作步骤如下：

（1）按照主要关键字"销售人员"及次要关键字"商品类型"对数据清单进行升序排列。

（2）在排序结果中选中任一单元格，选择"数据"→"分类汇总"命令，打开"分类汇总"对话框。

（3）在"分类字段"下拉列表中选择"销售人员"选项；在"汇总方式"下拉列表中选择"求和"选项；在"选定汇总项"列表框中勾选"销售数量"和"销售金额"复选框；勾选"替换当前分类汇总"和"汇总结果显示在数据下方"复选框，如图 11 – 27 所示。

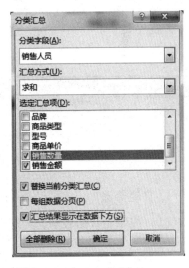

（4）单击"确定"按钮，返回工作表。此时在工作表中将显示分类汇总的结果，如图 11 – 28 所示。单击工作表左上角的"分级符号"按钮 1 2 3，可以仅显示不同级别的汇总结果，单击工作表左边的"加号"按钮 + 和"减号"按钮 -，可以显示或隐藏某个汇总项目的详细内容。

图 11 – 27　"分类汇总"对话框

（5）要撤销分类汇总，可以选择"数据"→"分类汇总"命令，打开"分类汇总"对话框，单击"全部删除"按钮，则可以删除分类汇总，还原数据清单，如图 11 – 29 所示。

11.5　知识拓展

11.5.1　数据的筛选

"筛选"可以只显示满足指定条件的数据库记录，将不满足条件的数据库记录暂时隐藏起来。Excel 2016 提供自动筛选和高级筛选两种方法，其中自动筛选比较简单，而高级筛选的功能强大，可以利用复杂的筛选条件进行筛选。

编号	销售日期	销售人员	品牌	商品类型	型号	商品单价	销售数量	销售金额
					商品销售记录			
SP0007	2013/2/9	林秋雨	方正	笔记本	方正T400IG-T440AQ	3999	5	19995
SP0011	2013/2/10	林秋雨	方正	笔记本	方正R430IG-I333AQ	5499	6	32994
SP0023	2013/4/4	林秋雨	联想	笔记本	联想Y460A-ITH（白）	5999	10	59990
SP0001	2013/2/8	林秋雨	IBM	服务器	System x3652-M2	15000	2	30000
SP0003	2013/2/8	林秋雨	IBM	服务器	System x3100	5500	3	16500
SP0014	2013/3/8	林秋雨	惠普	服务器	HP ProLiant DL380 G6(491505-AA1)	16500	1	16500
SP0020	2013/4/1	林秋雨	联想	服务器	万全 T100 G10	5499	6	32994
SP0017	2013/3/11	林秋雨	联想	台式机	联想扬天 A4600R（E5300）	3550	17	60350
		林秋雨 汇总					50	269323
SP0022	2013/4/3	马云腾	宏基	笔记本	Acer 4745G	5299	8	42392
SP0008	2013/2/9	马云腾	IBM	服务器	System x3850-M2	57500	3	172500
SP0016	2013/3/10	马云腾	IBM	服务器	System x3250-M2	6000	3	18000
SP0010	2013/2/9	马云腾	方正	服务器	方正圆明MR100 2200	18500	2	37000
SP0006	2013/2/9	马云腾	联想	台式机	联想家悦 E3630	4699	19	89281
		马云腾 汇总					35	359173
SP0009	2013/2/9	王国栋	宏基	笔记本	Acer 4740G	4700	6	28200
SP0012	2013/2/10	王国栋	联想	笔记本	联想Y450A-TSI（E）白	5150	10	51500
SP0013	2013/2/10	王国栋	惠普	服务器	HP ProLiant ML150 G6(AU659A)	9500	5	47500
SP0021	2013/4/2	王国栋	联想	服务器	万全 T168 G6	9888	4	39552
SP0018	2013/4/1	王国栋	联想	台式机	联想IdeaCentre K305	5199	16	83184
		王国栋 汇总					41	249936
SP0015	2013/3/9	赵宏伟	惠普	笔记本	惠普CQ35-217TX	5100	3	15300
SP0002	2013/2/8	赵宏伟	方正	服务器	方正圆明LT300 1800	9500	5	47500
SP0019	2013/4/1	赵宏伟	联想	服务器	万全 T350 G7	23000	8	184000
SP0004	2013/2/8	赵宏伟	方正	台式机	方正飞越 A800-4E31	4000	15	60000
SP0005	2013/2/8	赵宏伟	联想	台式机	联想家悦E R500	3398	18	61164
		赵宏伟 汇总					49	367964
		总计					175	1246396

图11-28　分类汇总结果

图11-29　撤销分类汇总操作

1. 自动筛选

（1）在原始数据表中，分别在一些单元格中标注黄色和红色，如图11-30所示。

编号	销售日期	销售人员	品牌	商品类型	型号	商品单价	销售数量	销售金额
					商品销售记录			
SP0007	2013/2/9	林秋雨	方正	笔记本	方正T400IG-T440AQ	3999	5	19995
SP0011	2013/2/10	林秋雨	方正	笔记本	方正R430IG-I333AQ	5499	6	32994
SP0022	2013/4/3	马云腾	宏基	笔记本	Acer 4745G	5299	8	42392
SP0009	2013/2/9	王国栋	宏基	笔记本	Acer 4740G	4700	6	28200
SP0015	2013/3/9	赵宏伟	惠普	笔记本	惠普CQ35-217TX	5100	3	15300
SP0023	2013/4/4	林秋雨	联想	笔记本	联想Y460A-ITH（白）	5999	10	59990
SP0012	2013/2/10	王国栋	联想	笔记本	联想Y450A-TSI（E）白	5150	10	51500
SP0001	2013/2/8	林秋雨	IBM	服务器	System x3652-M2	15000	2	30000
SP0003	2013/2/8	林秋雨	IBM	服务器	System x3100	5500	3	16500
SP0008	2013/2/9	马云腾	IBM	服务器	System x3850-M2	57500	3	172500
SP0016	2013/3/10	马云腾	IBM	服务器	System x3250-M2	6000	3	18000
SP0002	2013/2/8	赵宏伟	方正	服务器	方正圆明LT300 1800	9500	5	47500
SP0010	2013/2/9	马云腾	方正	服务器	方正圆明MR100 2200	18500	2	37000
SP0014	2013/3/8	林秋雨	惠普	服务器	HP ProLiant DL380 G6(491505-AA1)	16500	1	16500
SP0013	2013/2/10	王国栋	惠普	服务器	HP ProLiant ML150 G6(AU659A)	9500	5	47500
SP0020	2013/4/1	林秋雨	联想	服务器	万全 T100 G10	5499	6	32994
SP0019	2013/4/1	赵宏伟	联想	服务器	万全 T350 G7	23000	8	184000
SP0021	2013/4/2	王国栋	联想	服务器	万全 T168 G6	9888	4	39552
SP0004	2013/2/8	赵宏伟	方正	台式机	方正飞越 A800-4E31	4000	15	60000
SP0017	2013/3/11	林秋雨	联想	台式机	联想扬天 A4600R（E5300）	3550	17	60350
SP0005	2013/2/8	赵宏伟	联想	台式机	联想家悦 R500	3398	18	61164
SP0006	2013/2/9	马云腾	联想	台式机	联想家悦 E3630	4699	19	89281
SP0018	2013/4/1	王国栋	联想	台式机	联想IdeaCentre K305	5199	16	83184

图11-30　颜色筛选

（2）单击"商品单价"列上的筛选按钮，选择"按颜色筛选"命令，并选择颜色，例如选择黄色，如图 11 - 31 所示。

图 11 - 31 颜色筛选设置

（3）颜色筛选效果如图 11 - 32 所示。

编号	销售日期	销售人	品牌	商品类别	型号	商品单	销售数	销售金
SP0011	2013/2/10	林秋雨	方正	笔记本	方正R430IG-I333AQ	5499	6	32994
SP0022	2013/4/3	马云腾	宏基	笔记本	Acer 4745G	5299	8	42392
SP0015	2013/3/9	赵宏伟	惠普	笔记本	惠普CQ35-217TX	5100	3	15300
SP0023	2013/4/4	林秋雨	联想	笔记本	联想Y460A-ITH（白）	5999	10	59990
SP0012	2013/2/10	王国栋	联想	笔记本	联想Y450A-TSI（E）白	5150	10	51500
SP0003	2013/2/8	林秋雨	IBM	服务器	System x3100	5500	3	16500
SP0016	2013/3/10	马云腾	IBM	服务器	System x3250-M2	6000	3	18000
SP0020	2013/4/1	林秋雨	联想	服务器	万全 T100 G10	5499	6	32994
SP0018	2013/4/1	王国栋	联想	台式机	联想IdeaCentre K305	5199	16	83184

图 11 - 32 颜色筛选效果

2. 自动筛选的"自定义"

若在"自动筛选"下拉列表中选择"自定义"选项，就弹出"自定义自动筛选方式"对话框，在对话框中可以自定义自动筛选的条件。

在对话框的左侧下拉列表中可以规定关系操作符（大于、等于、小于等），在右侧下拉列表中可以规定字段值，而且两个比较条件还能以"或者"或"并且"的关系组合起来形成复杂的条件。

例如，可以自定义筛选条件为英语成绩为 85～95 分（大于等于 85 并且小于等于 95），如图 11-33 所示，通过依次对多个字段自动筛选，可以进行复杂的筛选操作。例如要筛选出英语和数学成绩都在 85 分以上的学生的记录，可以先筛选出"英语成绩在 85 分以上"的学生记录，然后在已经筛选出的记录中继续筛选"数学成绩在 85 分以上"的学生记录。

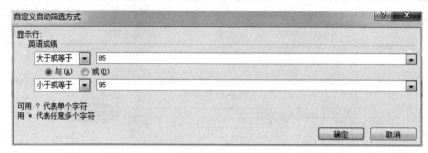

图 11-33　"自定义自动筛选方式"对话框

3. 高级筛选

对于复杂的筛选条件，可以使用高级筛选。使用高级筛选的关键是设置自定义的复杂组合条件，这些组合条件常常放在一个称为条件区域的单元格区域中。

1）筛选的条件区域

条件区域包括两个部分：标题行（也称字段名行或条件名行）、一行或多行的条件行。条件区域的创建步骤如下：

（1）在数据库记录的下面准备好一个空白区域。

（2）在此空白区域的第一行输入字段名作为条件名行，最好从字段名行复制过来，以避免输入时大、小写输入错误或有多余的空格造成不一致。

（3）在条件名行的下一行输入条件。

2）筛选的条件

（1）简单条件。简单条件是指只用一个简单的比较运算（=、>、>=、<、<=、<>）表示的条件。在条件区域字段名正下方的单元格输入条件，如图 11-34 所示。

姓名	英语	数学
刘*	>80	>=85

图 11-34　条件表示（1）

等于（=）关系的等号"="可以省略。当某个字段名下没有条件时，允许空白，但是不能加上空格，否则将得不到正确的筛选结果。

对于字符字段，其下面的条件可以用通配符"*"及"?"。字符的大小比较按照字母顺序进行，对于汉字，则以拼音为顺序。若字符串用于比较条件，必须用双引号括起来。

（2）组合条件。若需要使用多重条件在数据库中选取记录，必须把条件组合起来。基本的形式有两种：

①在同一行内的条件表示"与"（AND）关系。例如：筛选所有姓刘并且英语成绩高于

80 分的人，条件表示如图 11 - 35 所示。

姓名	英语
刘 *	>80

图 11 - 35　条件表示（2）

建立一个条件为某字段的值的范围，必须在同一行的不同列中为每个条件建立字段名。例如：筛选所有姓刘并且英语成绩为 70 ~ 79 分的人，条件表示如图 11 - 36 所示。

姓名	英语	英语
刘 *	>= 70	< 80

图 11 - 36　条件表示（3）

②在不同行内的条件表示"或"（OR）的关系。例如：筛选所有姓刘并且英语成绩大于等于 80 分或低于 60 分的人。这时组合条件在条件区域中的表示如图 11 - 37 所示。

姓名	英语
刘 *	>= 80
	< 60

图 11 - 37　条件表示（4）

如果筛选所有姓刘或英语成绩低于 60 分的人，则条件表示如图 11 - 38 所示。

姓名	英语
刘 *	
	< 60

图 11 - 38　条件表示（5）

由以上例子可以在总结出组合条件的表示规则如下：

规则 A：当使用数据库不同字段的多重条件时，必须在同一行的不同列中输入条件。

规则 B：当在一个数据库字段中使用多重条件时，必须在条件区域中重复使用同一字段名，这样可以在同一行的不同列中输入每个条件。

规则 C：在一个条件区域中使用不同字段或同一字段的逻辑"或"（OR）关系时，必须在不同行中输入条件。

（3）计算条件。前面介绍的筛选方法都是用数据库字段的值与条件区域中的条件作比较。实际上，如果用数据库的字段（一个或几个）根据条件计算出来的值进行比较，也可以筛选出所需的记录。操作方法如下：

在条件区域的第一行中输入一个不同于数据库中任何字段名的条件名（空白也可以）。如果计算条件的条件名与某一字段名相同，Excel 2016 将认为其是字段名。在条件名正下方的单元格中输入计算条件公式。在公式中通过引用字段的第一条记录的单元格地址（用相对地址）引用数据库字段。公式计算的结果必须是逻辑值 TRUE 或 FALSE。

例：筛选英语和数学两门课分数之和大于160分的学生记录。

分析：解决本例可以用计算条件。假设英语成绩、数学成绩分别在F、G列，第一条记录在第二行，计算条件就是 $F2 + G2 > 160$。在条件名行增加条件名"英数"，在其下输入计算条件，如图 11 – 39 所示。

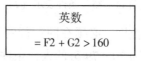

英数
$= F2 + G2 > 160$

图 11 – 39　条件表示（6）

3）高级筛选

高级筛选的操作步骤如下：

（1）按照前面所讲的方法建立条件区域。

（2）在数据库区域内选定任意一个单元格。

（3）选择"数据"→"筛选"→"高级"选项，弹出"高级筛选"对话框，如图 11 – 40 所示。

（4）在"高级筛选"对话框中选择"在原有区域显示筛选结果"单选按钮。

（5）输入"条件区域"。"列表区域"是自动获取的，如果不正确，可以更改。

（6）单击"确定"按钮，则筛选出符合条件的记录。

图 11 – 40　"高级筛选"对话框

如果要把筛选出的结果复制到一个新的位置，则可以在"高级筛选"对话框中选择"将筛选结果复制到其他位置"单选按钮，并且在"复制到"框中输入要复制到的目的区域的首单元格地址。注意，以首单元格地址为左上角的单元格区域必须有足够多的空位存放筛选结果，否则将覆盖该单元格区域的原有数据。

有时要把筛选的结果复制到另外的工作表中，则必须首先激活目标工作表，然后选择"数据"→"筛选"→"高级筛选"选项，在"高级筛选"对话框中，输入"列表区域"和"条件区域"时要注意加上工作表的名称，如列表区域为 Sheet1！A1：H16，条件区域为 Sheet1！A20：B22，而复制到的区域直接为 A1。这个 A1 是当前的活动工作表（比如 Sheet2）的 A1，而不是源数据区域所在的 Sheet1A1 工作表。

如果不想从一个数据库提取全部字段，就必须先定义一个提取区域。在提取区域的第一行中给出要提取的字段及字段的顺序。这个提取区域作为高级筛选结果（"复制到"）的目的区域的地址，Excel 2016 会自动在该区域中所要求的字段下面列出筛选结果。例如把 A25：C25 作为提取区域，其中的内容如图 11 – 41 所示。

A25	B25	C25
姓名	籍贯	总分

图 11 – 41　提取区域

在"复制到"框中输入"A25：C25"，则由条件区域所指定的记录的"姓名""籍贯""总分" 3 个字段的信息将复制到提取区域 A25：C25 下面的新位置。

如果要删除某些符合条件的记录，可以在筛选后（在原有区域显示筛选结果）选中这些筛选结果，选择"编辑"→"删除"命令即可。

在"高级筛选"对话框中，勾选"选择不重复的记录"复选框后再筛选，得到的结果中将剔除相同的记录（但必须同时选择"将筛选结果复制到其他位置"单选按钮此操作才有效）。这个特性使用户可以将两个相同结构的数据库合并起来，生成一个不含有重复记录的新数据库。此时筛选的条件为"无条件"（具体做法是：在条件区只写一个条件名，条件名下面不写任何条件，这就是所谓"无条件"）。

11.5.2　条件格式的设置

（1）选中所需要运用条件格式的列或行，如图 11-42 所示。

（2）在"开始"选项卡中选择"条件格式"→"数据条"选项，选择渐变填充样式下的"浅蓝色数据条"样式，如图 11-43 所示。

图 11-42　选中区域

图 11-43　设置条件格式

（3）条件格式效果如图 11-44 所示，可以注意到，负数对应的数据条是反方向的红色色条。

也可以设置图标集条件格式：

（1）选中所需要运用条件格式的列或行，如图 11-45 所示。

（2）在"开始"选项卡中选择"条件格式"→"图标集"选项，选择"三向箭头"图标，如图 11-46 所示。

（3）图标集效果如图 11-47 所示。

	A	B	C
1	日期	单日盈亏	资金
2	2014/3/1	¥678.00	¥11,345.00
3	2014/3/2	¥-220.00	¥8,854.00
4	2014/3/3	¥1,285.00	¥9,825.00
5	2014/3/4	¥-1,403.00	¥10,384.00
6	2014/3/5	¥3,298.00	¥7,859.00
7	2014/3/6	¥2,339.00	¥7,960.00
8	2014/3/7	¥-3,200.00	¥5,321.00
9	2014/3/8	¥548.00	¥6,103.00

图 11-44　条件格式效果

	A	B	C
1	日期	单日盈亏	资金
2	2014/3/1	¥678.00	¥11,345.00
3	2014/3/2	¥-220.00	¥8,854.00
4	2014/3/3	¥1,285.00	¥9,825.00
5	2014/3/4	¥-1,403.00	¥10,384.00
6	2014/3/5	¥3,298.00	¥7,859.00
7	2014/3/6	¥2,339.00	¥7,960.00
8	2014/3/7	¥-3,200.00	¥5,321.00
9	2014/3/8	¥548.00	¥6,103.00

图 11-45　选择区域

图 11-46　图标集条件格式

	A	B	C
1	日期	单日盈亏	资金
2	2014/3/1	¥678.00	⬆ ¥11,345.00
3	2014/3/2	¥-220.00	⇨ ¥8,854.00
4	2014/3/3	¥1,285.00	⬆ ¥9,825.00
5	2014/3/4	¥-1,403.00	⬆ ¥10,384.00
6	2014/3/5	¥3,298.00	⇨ ¥7,859.00
7	2014/3/6	¥2,339.00	⬆ ¥7,960.00
8	2014/3/7	¥-3,200.00	⬇ ¥5,321.00
9	2014/3/8	¥548.00	⬇ ¥6,103.00

图 11-47　图标集效果

在 Excel 2016 中可自定义条件格式和显示效果，例如只显示"绿色箭头"图标：（1）选中数据后，选择"开始"→"条件格式"→"管理规则"选项，如图 11-48 所示。

图 11-48　设置管理规则

（8）单击"编辑规则"按钮，如图 11 –49 所示。

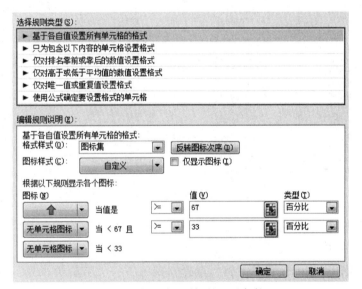

图 11 –49　条件格式规则管理器

（9）设置图标的显示条件，如图 11 –50 所示。

图 11 –50　设置图标的显示条件

（10）单击"确定"按钮，效果如图 11 –51 所示。

	A	B	C
1	日期	单日盈亏	资金
2	2014/3/1	¥67█.00	⬆ ¥11,345.00
3	2014/3/2	¥-2█0.00	¥8,854.00
4	2014/3/3	¥1,2█5.00	⬆ ¥9,825.00
5	2014/3/4	¥-1,█03.00	⬆ ¥10,384.00
6	2014/3/5	¥3,2█8.00	¥7,859.00
7	2014/3/6	¥2,3█9.00	¥7,960.00
8	2014/3/7	¥-3,█00.00	¥5,321.00
9	2014/3/8	¥54█.00	¥6,103.00

图 11 –51　自定义管理规则效果

11.5.3　数据透视表和数据透视图的建立

数据透视表是一个功能强大的数据汇总工具，用来将数据库中相关的信息进行汇总，而数据透视图是数据透视表的图形表达形式。当需要用一种有意义的方式对成千上万行数据进行说明时，就需要用到数据透视图。

分类汇总虽然也可以对数据进行多字段的汇总分析，但它形成的表格是静态的、线性的，数据透视表则是一种动态的、二维的表格。在数据透视表中，建立了行列交叉列表，并可以通过行列转换查看源数据的不同统计结果。

下面以图 11–52 所示的原始数据表为例，说明如何建立数据透视表。

	A	B	C	D	E	F	G	H
1	姓名	性别	出生年月	籍贯	学科	英语	数学	总分
2	赵琳	女	1993年5月1日	北京	文科	62	95	157
3	赵宏伟	男	1993年5月24日	上海	理科	88	88	176
4	张伟建	男	1993年6月16日	广州	文科	93	79	172
5	杨志远	男	1993年7月9日	天津	文科	67	65	132
6	徐自立	男	1993年8月1日	西安	文科	77	91	168
7	吴伟	男	1993年8月24日	北京	理科	86	90	176
8	王自强	男	1993年9月16日	上海	理科	81	85	166
9	王凯东	男	1993年10月9日	广州	理科	80	85	165
10	王建国	男	1993年11月1日	天津	理科	97	83	180
11	王芳	女	1993年11月24日	西安	文科	71	72	143
12	王尔卓	女	1993年12月17日	北京	文科	77	70	147
13	石明丽	女	1994年1月9日	上海	理科	75	66	141
14	刘国栋	男	1994年2月1日	广州	理科	79	61	140
15	林晓鸥	女	1994年2月24日	天津	文科	92	79	171
16	林秋雨	女	1994年3月19日	西安	理科	85	96	181
17	李晓明	男	1994年4月11日	北京	文科	77	80	157
18	李达	男	1994年5月4日	上海	理科	78	79	157
19	金玲	女	1994年5月27日	广州	文科	64	66	130
20	郭瑞芳	女	1994年6月19日	天津	理科	80	90	170
21	邓卓月	女	1994年7月12日	西安	理科	71	83	154
22	陈向阳	男	1994年8月4日	北京	理科	82	75	157
23	陈伟达	男	1994年8月27日	上海	文科	83	69	152
24	陈强	男	1994年9月19日	广州	理科	88	90	178

图 11–52　原始数据表

以图 11–52 中的数据为数据源，建立一个数据透视表，按学生的籍贯和学科分类统计英语和数学的平均成绩。

（1）单击数据清单中的任意单元格，选择"插入"→"数据透视表"选项，打开"创建数据透视表"对话框。

（2）指定要建立数据透视表的数据源区域，一般情况下 Excel 2016 会自动识别并选中整个数据清单区域。如果该区域不符，可重新拖动选择。

（3）在"创建数据透视表"对话框中指定数据透视表的创建位置，这里选择"新工作表"单选按钮，如图 11–53 所示。如果选择建立在现有工作表中，则还要指定具体的单元格位置。

（4）单击"确定"按钮，一个空白的数据透视表已自动生成在新工作表中，如图 11–54 所示。

图 11–53　"创建数据透视表"对话框

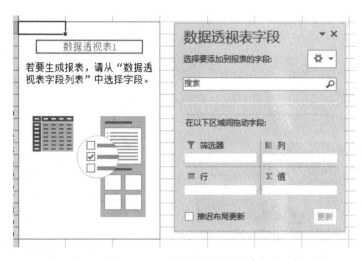

图 11 - 54　空白的数据透视表

（5）在数据透视表中单击，选择"字段标题"选项，取消高亮显示，如图 11 - 55 所示，其目的是在数据透视表中隐藏字段列表。

图 11 - 55　隐藏字段列表

（6）在"数据透视表字段列表"对话框中，布局模式选择"字段节和区域节并排"，将"籍贯"拖到"行标签"区，将"学科"拖到"列标签"区，将"英语"和"数学"拖到"数值"区。这时，"数值"区中就有两个按钮"求和项：英语"和"求和项：数学"，如图 11 - 56 所示。

（7）分别单击这两个按钮，在弹出的菜单项中选择"值字段设置"选项，如图 11 - 57所示。在弹出的"值字段设置"对话框中设置"计算类型"为"平均值"。单击"数字格式"按钮，选择数值类型，单击"确定"按钮返回"值字段设置"对话框，在"值字段设置"对话框中再单击"确定"按钮，如图 11 - 58 所示。

（8）由于选择在新建工作表中显示数据透视表，即可在一个新的工作表中创建一个数据透视表，效果如图 11 - 59 所示。

在该数据透视表中，可以任意地拖动交换行、列字段，数据区中的数据会自动随之变化。通过数据透视表中的"字段列表"，自动在新的工作表中生成数据透视图。在"字段列表"对话框中可通过选择"选项"→"字段列表"菜单是否高亮来显示和隐藏。数据透视表生成后，还可以方便地对它进行修改和调整。

图 11-56　字段列表布局

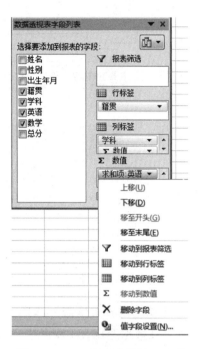

图 11-57　"值字段设置"选项

图 11-58　设置字段汇总方式和数字格式

	A	B	C	D	E	F	G
1							
2							
3		理科		文科		平均值项:英语汇总	平均值项:数学汇总
4		平均值项:英语	平均值项:数学	平均值项:英语	平均值项:数学		
5	北京	84.00	82.50	72.00	81.67	76.80	82.00
6	广州	82.33	78.67	78.50	72.50	80.80	76.20
7	上海	80.50	79.50	83.00	69.00	81.00	77.40
8	天津	88.50	86.50	79.50	72.00	84.00	79.25
9	西安	78.00	89.50	74.00	81.50	76.00	85.50
10	总计	82.31	82.38	76.30	76.60	79.70	79.87

图 11-59　生成的数据透视表

11.6　技能训练

对图 11 - 1 所示的商品销售记录表进行以下操作：

（1）对商品销售记录表进行高级筛选，筛选赵宏伟销售服务器的情况以及王国栋的所有销售情况，将筛选结果放在商品销售记录表下方，并对筛选结果进行进一步筛选，自动筛选出销售数量大于 3 的销售记录。

（2）通过数据透视表，创建商品销售统计报表，统计销售员赵宏伟销售各类型商品的情况，如图 11 - 60 所示。

图 11 - 60　商品销售统计报表

（3）对商品销售记录表进行分类汇总，按"品牌"汇总出销售数量及销售金额之和。

项目十二

论文答辩幻灯片制作

12.1　项目目标

本项目的主要目标是让读者掌握使用 PowerPoint 2016 的制作流程。

12.2　项目内容

制作论文答辩幻灯片是每个大学毕业生都应掌握的技能。本项目的主要内容是制作论文答辩幻灯片，展现并讲解自己的论文成果。论文答辩幻灯片效果如图 12 - 1 所示。

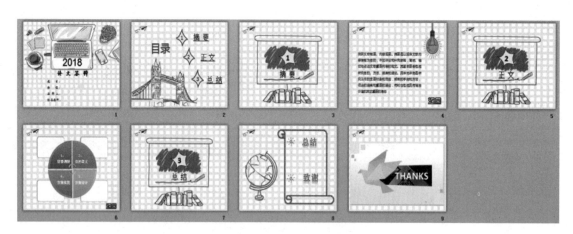

图 12 - 1　论文答辩幻灯片效果

12.3　方案设计

12.3.1　总体设计

针对主题选用相应的设计，输入相关的文字，并设置格式，插入图片、形状、SmartArt 图形，建立超级链接和动作按钮，最后放映幻灯片。

12.3.2　任务分解

本项目可分解为如下 7 个任务：

任务 1——建立及保存演示文稿文档；

任务 2——插入、删除幻灯片及设计主题；

任务 3——设计幻灯片母版及背景；

任务 4——在幻灯片中插入图片、形状及输入文字；

任务 5——在幻灯片中插入 SmartArt 图形；

任务 6——在幻灯片中设置超级链接和动作；

任务 7——放映幻灯片和结束放映。

12.3.3　知识准备

启动 PowerPoint 2016 后将进入其工作界面，熟悉其工作界面的各组成部分是制作演示文稿的基础。PowerPoint 2016 工作界面由标题栏、"文件"菜单、功能选项卡、快速访问工具栏、功能区、幻灯片/大纲窗格、幻灯片编辑区、备注窗格和状态栏等部分组成，如图 12 - 2 所示。

图 12 - 2　PowerPoint 2016 工作界面

PowerPoint 2016 工作界面各部分的组成及作用介绍如下：

（1）标题栏：位于 PowerPoint 2016 工作界面的上方，用于显示演示文稿名称和程序名称，最右侧的 3 个按钮分别用于对窗口执行最小化、最大化和关闭等操作。

（2）快速访问工具栏：该工具栏提供了最常用的"保存"按钮■、"撤销"按钮■和"恢复"按钮■，单击对应的按钮可执行相应的操作。如需在快速访问工具栏中添加其他按钮，可单击其后的■按钮，在弹出的菜单中选择所需的命令即可。

（3）"文件"菜单：用于执行演示文稿的新建、打开、保存和退出等基本操作。该菜单右侧列出了用户经常使用的演示文稿名称。

（4）功能选项卡：相当于菜单命令，它将PowerPoint 2016的所有命令集成在几个功能选项卡中，选择某个功能选项卡可切换到相应的功能区。

（5）功能区：在功能区中有许多自动适应窗口大小的工具栏，不同的工具栏中又放置了与此相关的命令按钮或列表框。

（6）幻灯片/大纲窗格：用于显示演示文稿的幻灯片数量及位置，通过它可更加方便地掌握整个演示文稿的结构。在幻灯片窗格下，将显示整个演示文稿中幻灯片的编号及缩略图；在大纲窗格下列出了当前演示文稿中各张幻灯片中的文本内容。

（7）幻灯片编辑区：是整个工作界面的核心区域，用于显示和编辑幻灯片，在其中可输入文字内容、插入图片和设置动画效果等，是使用PowerPoint 2016制作演示文稿的操作平台。

（8）状态栏：位于工作界面最下方，用于显示演示文稿中所选的当前幻灯片以及幻灯片总张数、幻灯片采用的模板类型、视图切换按钮以及页面显示比例等。

为了满足用户的不同需求，PowerPoint 2016提供了多种视图模式以编辑查看幻灯片，在工作界面下方单击 中的任意一个按钮，即可切换到相应的视图模式。

（1）普通视图：PowerPoint 2016默认显示普通视图，在该视图中可以同时显示幻灯片编辑区、幻灯片/大纲窗格以及备注窗格。它主要用于调整演示文稿的结构及编辑单张幻灯片的内容。

（2）幻灯片浏览视图：可浏览幻灯片在演示文稿中的整体结构和效果，此时在该模式下也可以改变幻灯片的版式和结构，如更换演示文稿的背景、移动或复制幻灯片等，但不能对单张幻灯片的具体内容进行编辑。

（3）阅读视图：该视图仅显示标题栏、阅读区和状态栏，主要用于浏览幻灯片的内容。演示文稿中的幻灯片将以窗口大小进行放映。

（4）幻灯片放映视图：演示文稿中的幻灯片将以全屏动态放映，主要用于预览幻灯片在制作完成后的放映效果，以便及时对放映过程中不满意的地方进行修改，测试插入的动画、声音等效果，还可以在放映过程中标注出重点，观察每张幻灯片的切换效果等。

（5）备注视图：备注视图与普通视图相似，只是没有幻灯片/大纲窗格，在此视图下幻灯片编辑区中完全显示当前幻灯片的备注信息。

12.4 方案实现

12.4.1 任务1——建立及保存演示文稿文档

1. 任务描述

新建PowerPoint 2016演示文稿缺省的文件名为"演示文稿1"（当再次新建时，其缺省的文件名为"演示文稿2"……），缺省的扩展名为".pptx"。

2. 操作步骤

（1）启动 PowerPoint 2016 后，选择"文件"→"新建"命令，打开图 12 – 3 所示界面，单击"空白演示文稿"图标，即可创建一个空白演示文稿，如图 12 – 4 所示。

图 12 – 3 新建演示文稿

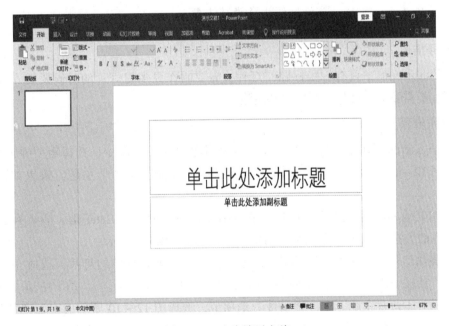

图 12 – 4 空白演示文稿

（2）选择"文件"→"保存"或"另存为"命令，在弹出的"另存为"对话框中输入文件名，然后单击"保存"按钮，如图 12 – 5 所示。

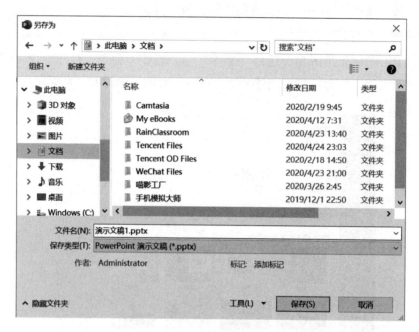

图 12 – 5　"另存为"对话框

11.4.2　任务2——插入、删除幻灯片及设计主题

1. 任务描述

新建的演示文稿中只有一张标题幻灯片，需要制作更多幻灯片的时候要插入新的幻灯片。对一些不需要的幻灯片，可以将其删除。

2. 操作步骤

（1）插入新的幻灯片。选择"开始"→"新建幻灯片"命令，选择需要插入的 Office 主题，如图 12 – 6 所示，如果需要标题和内容格式，就选第 2 个主题，效果如图 12 – 7 所示。

（2）用其他方法插入新的幻灯片。单击第 2 张幻灯片，按 Enter 键，插入第 3 张幻灯片，用同样的方法可以继续插入多张新的幻灯片，如图 12 – 8 所示。

（3）删除幻灯片。在幻灯片窗格中用鼠标右键单击要删除的幻灯片，选择"删除幻灯片"命令，或按 Delete 键，实现快速删除，如图 12 – 9 所示。

（4）设计幻灯片主题。单击"设计"选项卡，选择图 12 – 10 所示的主题"切片"，该主题将默认应用于所有幻灯片；再选择第 2 张幻灯片，选择主题"平面"，单击鼠标右键，选择"应用于选定幻灯片"命令，这样就可以修改当前页幻灯片的主题，效果如图 12 – 11 所示。

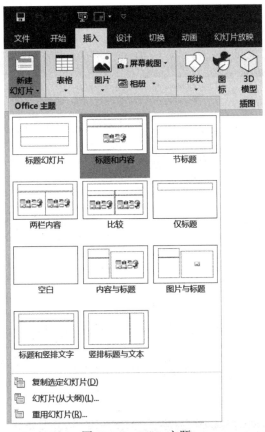

图 12 – 6 Office 主题

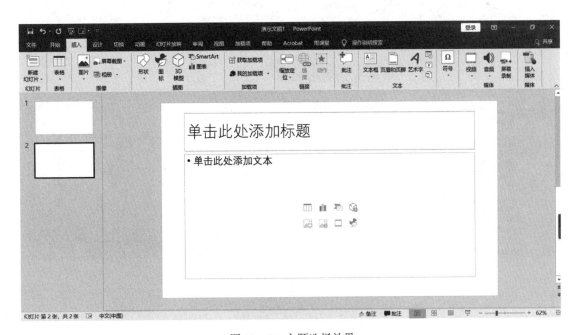

图 12 – 7 主题选择效果

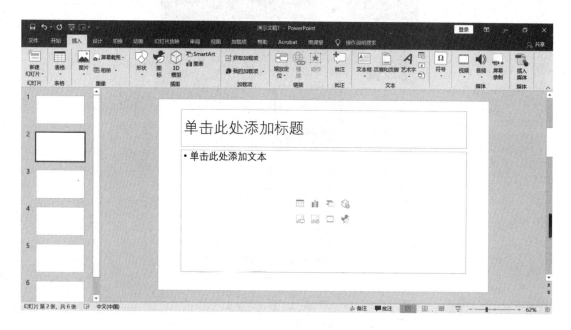

图 12 - 8　插入幻灯片

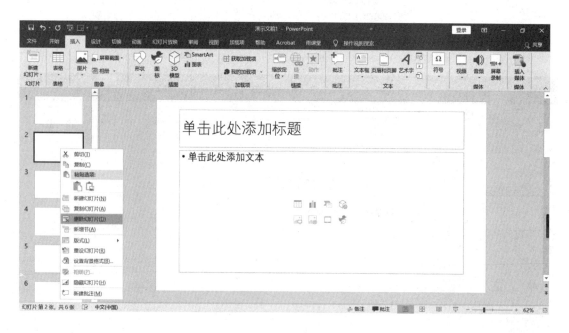

图 12 - 9　删除幻灯片

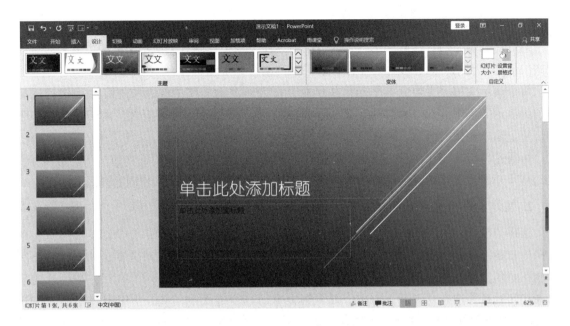

图 12 - 10　"设计"选项卡

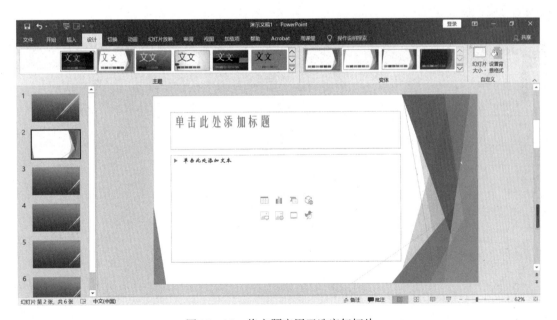

图 12 - 11　将主题应用于选定幻灯片

12.4.3 任务3——设计幻灯片母版及背景

1. 任务描述

幻灯片母版是幻灯片层次结构中的顶层幻灯片，用于存储有关演示文稿的主题和幻灯片版式的信息，包括背景、颜色、字体、效果、占位符大小和位置。

每个演示文稿至少包含一个幻灯片母版，可以对演示文稿中的每张幻灯片（包括以后添加到演示文稿中的幻灯片）进行统一的样式更改，使用幻灯片母版时，由于无须在多张幻灯片上输入相同的信息，因此节省了时间。

可通过母版功能在演示文稿中具有相同主题的幻灯片中添加相同的内容。本任务从第1张幻灯片开始，每张幻灯片具有相同背景，每张幻灯片的左上角显示相同的插图。

2. 操作步骤

选择"视图"→"幻灯片母版"选项，如图12-12所示，选择第1个幻灯片母版，单击鼠标右键，选择"设置背景格式"命令，打开"设置背景格式"对话框，如图12-13所示。在"填充"区域选择"图片或纹理填充"单选按钮，单击"插入"按钮，在打开的窗口中找到素材并选择"图片1.jpg"，插入第1个幻灯片母版中，单击"应用到全部"按钮后关闭，效果如图12-14所示。选择"插入"→"图片"选项，在打开的窗口中找到素材并选择"图片2.png"，插入第1个幻灯片母版中，并将图片移到页面左上角，调整到合适大小，这样创建出的每张幻灯片都带有相同的背景设计和插图效果，如图12-15所示。最后关闭母版视图。

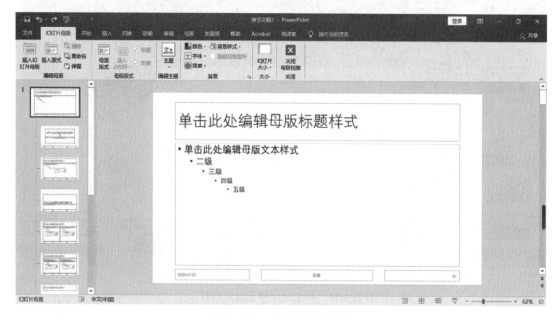

图12-12 幻灯片母版视图

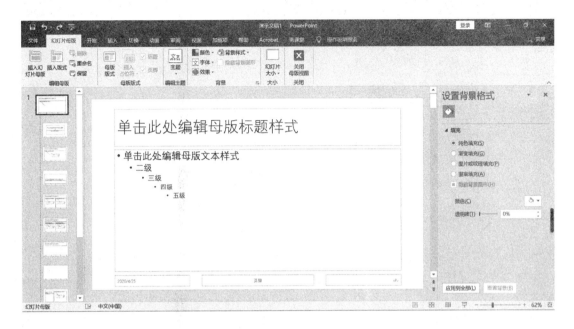

图 12 – 13　"设置背景格式"对话框

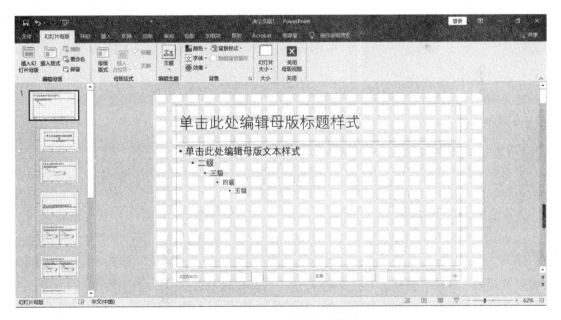

图 12 – 14　母版背景填充效果

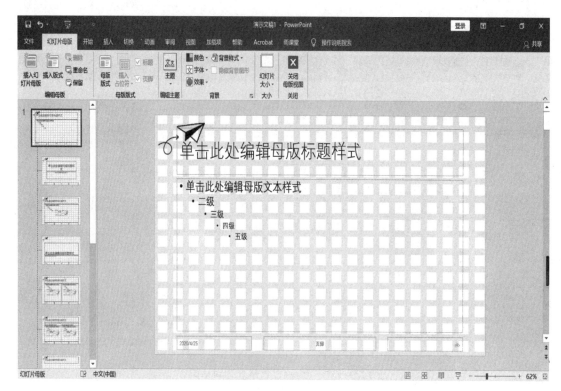

图 12 - 15　插入母版图片

12.4.4　任务4——在幻灯片中插入图片、形状及输入文字

1. 任务描述

精美的演示文稿可以吸引观众的眼球，所以在幻灯片中插入图片是很重要的。

2. 操作步骤

（1）插入图片和文字。选择第1张幻灯片，选择"插入"→"图片"选项，在打开的窗口中找到素材并选择"图片3.jpg"，插入第1张幻灯片中，将图片移到页面上方，调整图片大小和布局，效果如图 12 - 16 所示。选择"插入"→"文本框"选项，输入相应的文字，效果如图 12 - 17 所示。

（2）用相同的方法，完成在第2、3、4、5、7、8、9张幻灯片中对应图片的插入及文字的输入工作。另外，在第8张幻灯片中，选择"插入"→"形状"图库，选择"卷形：垂直"并绘制，选择"格式"→"旋转"→"垂直旋转"选项可以改变该形状的方向，再通过修改"形状填充""形状轮廓""形状效果"选项可以美化该形状。效果如图 12 - 18 所示。

图 12-16　插入图片　　　　　　　图 12-17　第 1 张幻灯片图片和文字效果

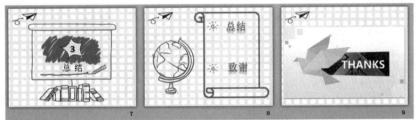

图 12-18　图片与文字混排效果

12.4.5　任务 5——在幻灯片中插入 SmartArt 图形

1. 任务描述

SmartArt 图形是信息和观点的视觉表示形式。可以从多种不同布局中进行选择，从而快速轻松地创建所需形式，以便有效地传达信息或观点。

创建 SmartArt 图形时，选择一种 SmartArt 图形类型，如"流程""层次结构""循环"或"关系"等。每种类型的 SmartArt 图形包含几种不同的布局。选择了一种布局之后，可以很容易地切换 SmartArt 图形的布局或类型。新布局中将自动保留大部分文字和其他内容以及颜色、样式、效果和文本格式。

本任务利用 SmartArt 图形显示论文的整体结构，选择"循环矩阵"图形，设置其颜色和效果，输入文字内容。

2. 操作步骤

（1）选择第 6 张幻灯片，选择"插入"→"SmartArt"选项，在打开的"选择 SmartArt 图形"对话框中选择"矩阵"→"循环矩阵"图形，如图 12-19 所示。

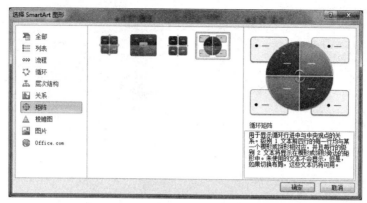

图 12 - 19　"选择 SmartArt 图形"对话框

（2）选择"设计"→"更改颜色"命令，选择彩色中的第 5 个，效果如图 12 - 20 所示，然后选择"SmartArt 样式"→"三维"→"嵌入"选项，效果如图 12 - 21 所示。

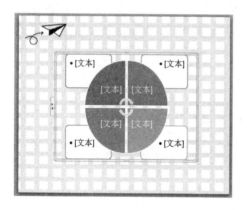

图 12 - 20　SmartArt 彩色效果

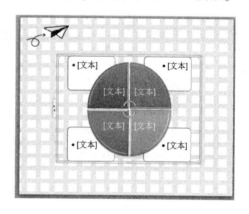

图 12 - 21　SmartArt 样式效果

（3）选中 SmartArt 图形，然后选择"创建图形"→"文本窗格"选项，打开"在此处键入文字"对话框，如图 12 - 22 所示，输入图 12 - 23 所示的内容。

图 12 - 22　"在此处键入文字"对话框

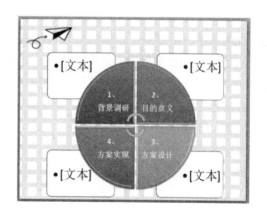

图 12 - 23　SmartArt 文字效果

12.4.6 任务6——在幻灯片中设置超级链接和动作

1. 任务描述

当演示文稿中的幻灯片比较多时，需要进行目录式链接，或者在幻灯片中需要链接到演示文稿以外的地址时，需要在幻灯片中设置超级链接和动作。

本任务的目标：单击文字链接到相应幻灯片，实现目录式导航；在其他幻灯片中添加动作，返回目录幻灯片。

2. 操作步骤

（1）设置超链接。选择第2张幻灯片，选中文字"摘要"，选择"插入"→"链接"选项，打开"插入超链接"对话框，如图12-24所示，在左边选择"在本文档中的位置"选项，然后选择"3. 幻灯片3"选项。用相同的方法，将文字"正文"链接到"5. 幻灯片5"，将文字"总结"链接到"7. 幻灯片7"。设置结果如图12-25所示。

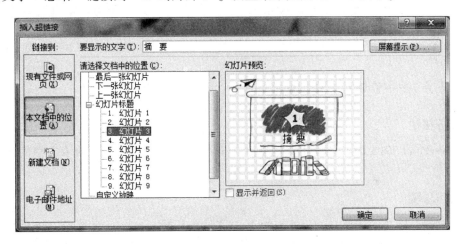

图12-24 "插入超链接"对话框

（2）设置动作。选择第4张幻灯片，输入"返回"二字并选中，选择"插入"→"动作"选项，打开"操作设置"对话框，如图12-26所示，选择"超链接到"单选按钮，在下拉列表中选择"幻灯片2"选项，打开"超链接到幻灯片"对话框，如图12-27所示，选择"2. 幻灯片2"选项，单击"确定"按钮。这样当放映时单击"返回"，就会链接到第2张幻灯片。

（3）用同样的方法在第6张幻灯片中输入"返回"二字并选中，同样链接到"2. 幻灯片2"。

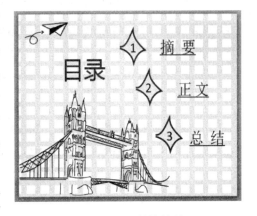

图12-25 超链接效果

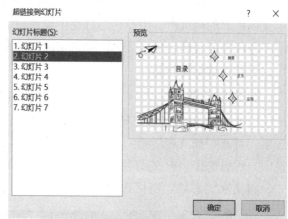

图 12-26　"操作设置"对话框　　　　　图 12-27　"超链接到幻灯片"对话框

12.4.7　任务7——放映幻灯片和结束放映

1. 任务描述

在 PowerPoint 2016 中不必使用其他放映工具即可直接播放并查看演示文稿的实际播放效果。

2. 操作步骤

（1）放映幻灯片。选择"幻灯片放映"→"从头开始"命令，如图 12-28 所示，可以根据需要选择不同的放映方式。可以通过单击鼠标切换到下一张幻灯片，在放映同时还可以进行排练计时，以测出完成演讲所用的时间。

图 12-28　放映幻灯片

（2）结束放映。一般情况下，当演示文稿的所有幻灯片播放完后自动结束放映；如果想在放映过程中结束放映，可以单击鼠标右键，选择"结束放映"命令。

12.5　知识拓展

图形的随意裁剪

在 Flash 中有一组十分有用的工具——对象合并：联合、交集、打孔和裁切，PowerPoint

2016 也引入了这组工具。通过这组工具，可以快速地构建任意图形。这组工具一般被隐藏起来，可以通过"自定义功能区"把它们显示出来。

（1）新建一个空白演示文稿，保存为"图形裁剪.pptx"。

（2）选择"文件"选项卡→"选项"选项，打开"PowerPoint 选项"对话框，选择"自定义功能区"选项，在"自定义功能区（B）"区域单击"新建选项卡"按钮，然后重命名为"组合形状"。

（3）从"从下列位置选项命令"选择列表框中选择"不在功能区中的命令"选项，找到"组合形状""结合形状""相交形状""剪除形状"，把这几个命令添加到新建的"组合形状"选项卡中，如图 12 – 29 所示。

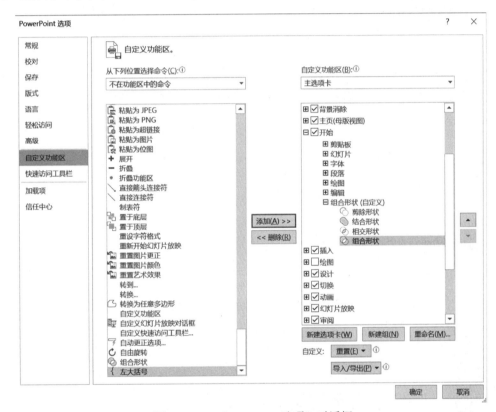

图 12 – 29　"PowerPoint 选项"对话框

（4）单击"开始"选项卡，可以看到添加的组合形状工具如图 12 – 30 所示。

图 12 – 30　组合形状工具

（5）选中第 1 张幻灯片，删除标题文本框，选择"插入"→"形状"选项，插入图 12 – 31 所示的 4 个重叠图形。选中第一组图，选择"开始"→"组合形状"→"相交"

选项；选中第二组图，选择"结合"选项；选中第三组图，选择"组合"选项；选中第四组图，选择"剪除"选项，如图12-32所示。

①相交：保留形状相交部分，其他部分一律删除。

②结合：不减去相交部分。

③组合：把两个以上的图形组合成一个图形，如果图形间有相交部分，则减去相交部分。

④剪除：把所有叠放于第一个形状上的其他形状删除，保留第一个形状上的未相交部分。

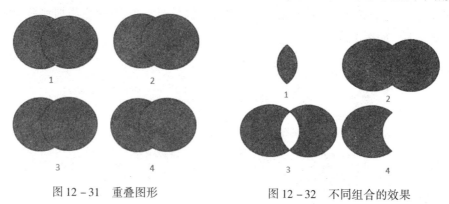

图12-31 重叠图形   图12-32 不同组合的效果

12.6 技能训练

1. 利用模板建立一个演示文稿

（1）启动 PowerPoint 2016，选择"文件"→"新建"→"欢迎使用 PowerPoint 2016"选项，单击"创建"按钮，如图12-33所示。

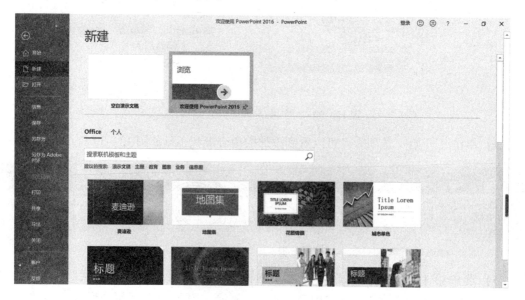

图12-33 样本模板

（2）学习 PowerPoint 2016 的新功能，设计图片效果，插入视频和音频。

2. 建立相册

选择"插入"→"图像"→"相册"选项，打开"相册"对话框，如图 12-34 所示，单击"文件/磁盘"按钮，打开"插入新图片"对话框，如图 12-35 所示，选择自己的照片。根据所学知识完成相册的制作。

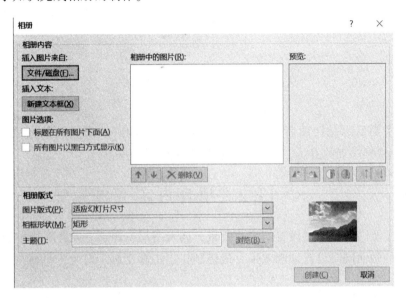

图 12-34　"相册"对话框

图 12-35　"插入新图片"对话框

项目十三

主题动画制作

13.1　项目目标

本项目的主要目标是让读者掌握 PowerPoint 2016 中动画效果的制作方法，背景设置、图片插入、音/视频添加的方法，幻灯片"打包"发布的方法。

13.2　项目内容

本项目的主要内容是通过设置幻灯片背景，插入图片、音频，设置图片布局，添加文字来组成幻灯片的画面同时设置动画效果，最终制作出主题动画幻灯片。动画效果如图 13 – 1 所示。

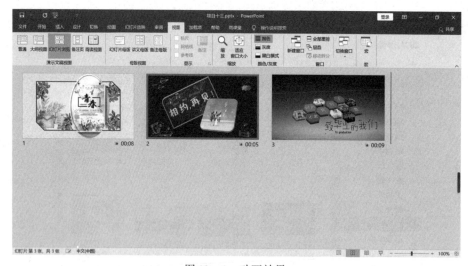

图 13 – 1　动画效果

13.3　方案设计

13.3.1　总体设计

新建一个演示文稿，选择模板和背景，在各页幻灯片中插入图片及文字，然后设置各页幻灯片的切换方式及各对象的动画效果，设置排练计时，使幻灯片可以自动播放，最后将制作好的演示文稿打包并共享。

13.3.2　任务分解

本项目可分解为如下 6 个任务：

任务 1——选择模板及背景；

任务 2——插入图片，设置图片格式；

任务 3——设置幻灯片的切换方式；

任务 4——设置幻灯片的动画效果；

任务 5——设置排练计时；

任务 6——打包。

13.3.3　知识准备

1. 幻灯片切换

幻灯片切换是指多张幻灯片中的动画效果变换，幻灯片内容会随每张幻灯片的不同而有所区别。

2. 动画方案

动画方案是指为幻灯片设置动画效果的技术。

3. 排练计时

排练计时是以排练方式运行幻灯片放映，可以设置或更改幻灯片的放映时间。可以安排幻灯片的放映节奏，主要根据幻灯片演讲的侧重点来设置每张幻灯片放映的时间长度。

4. 打包

将演示文稿与任何支持文件一起复制到磁盘或网络位置时，默认情况下会添加 Microsoft Office PowerPoint Viewer。这样，即使其他计算机上没有安装 PowerPoint 2016，也可以使用 Microsoft Office PowerPoint Viewer 运行打包的演示文稿。

13.4　方案实现

13.4.1　任务 1——选择模板及背景

1. 任务描述

使用模板给新建的演示文稿设置统一的风格。

2. 操作步骤

（1）新建一个演示文稿并打开。

（2）启动 PowerPoint 2016 后，插入新幻灯片，选择"开始"→"新建幻灯片"命令，选择"空白"版式，如图 13 - 2 所示，单击第 1 张幻灯片，按 Enter 键，可插入第 2 张、第 3 张幻灯片。

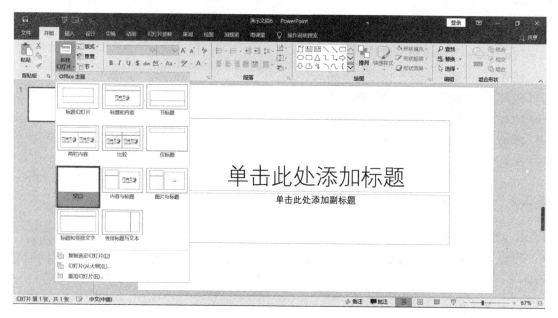

图 13 - 2 "新建幻灯片"命令

（3）选中第 1 张幻灯片，选择"设计"→"自定义"分组，可以对幻灯片的背景进行相关设置，如图 13 - 3 所示。

图 13 - 3 "自定义"分组

（4）选择"设置背景格式"命令，在"设置背景格式"对话框中选择"图片或纹理填充"单选按钮，然后在"纹理"下拉列表中选择"羊皮纸"纹理，此时第 1 张幻灯片的背景效果设置完成，如图 13 - 4 所示。

（5）选中第 2 张幻灯片，单击鼠标右键，选择"设置背景格式"命令，在"设置背景样式"对话框中选择"图片或纹理填充"单选按钮，单击"文件"按钮，在打开的对话框中找到素材并选择"图 1. png"，插入第 2 张幻灯片中，单击"关闭"按钮，为第 2 张幻灯片添加背景图片，按照相同方法为第 3 张幻灯片设置背景，素材选用"图 2. jpg"，所有页面背景效果如图 13 - 5 所示。

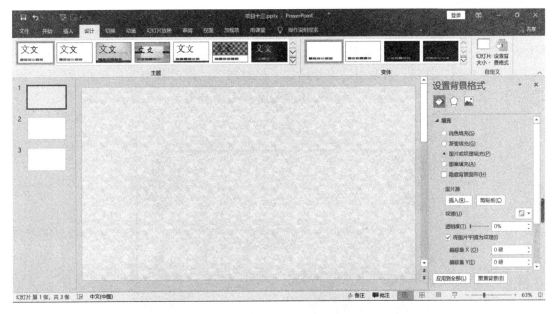

图 13 – 4　设置幻灯片 1 的背景

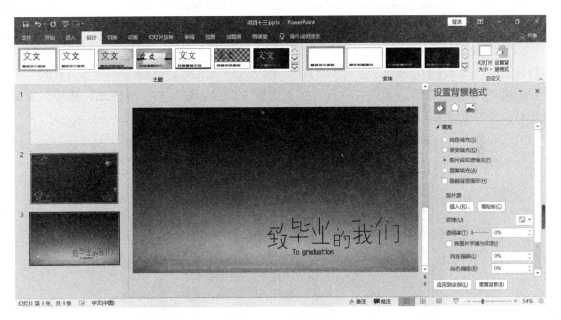

图 13 – 5　背景效果

13.4.2　任务 2——插入图片，设置图片格式

1. 任务描述

在幻灯片中插入图片，设置相应的图片格式并美化图片。

2. 操作步骤

（1）选中第1张幻灯片，选择"插入"→"图片"选项，在打开的对话框中找到素材并选择"图3.png"，插入第1张幻灯片中，然后选择"图片工具格式"→"图片样式"→"减去对角，白色"选项，修改当前图片样式。接着选择"图片效果"→"预设"→"预设1"→"图片边框"→"紫色"选项，可美化该图片，如图13-6所示。

图13-6 美化图片

（2）再次选中第1张幻灯片，选择"插入"→"图片"选项，在打开的对话框中找到素材并选择"图4.jpg"，插入第1张幻灯片中，然后选择"图片工具格式"→"图片样式"→"金属椭圆"选项，修改当前图片样式。接着选择"图片边框"→"无轮廓"选项，美化该图片，同时也完成了对幻灯片1的美化，效果如图13-7所示。

图13-7 幻灯片1美化效果

（3）选中第2张幻灯片，选择"插入"→"图片"选项，在打开的对话框中找到素材并选择"图5.jpg"，插入第2张幻灯片中，然后选择"图片工具格式"→"图片样式"→

"圆形对角，白色"选项，修改当前图片样式，接着选择"图片效果"→"预设"→"预设2"→"图片边框"→"浅绿"选项，美化该图片。选择"插入"→"图片"选项，在打开的对话框中找到素材并选择"图6.jpg"，然后选择"图片工具格式"→"图片样式"→"棱台透视"选项，美化该图片，同时也完成了幻灯片2的美化，效果如图13-8所示。

图13-8 幻灯片2美化效果

（4）选中第3张幻灯片，选择"插入"→"图片"选项，在打开的对话框中找到素材并按住Ctrl键同时选中"图7.jpg"~"图12.jpg"，插入第3张幻灯片中，然后选择"图片工具格式"→"图片版式"→"六边形群集"选项，修改当前多张图片的版式。选择"设计"→"更改颜色"→"彩色"→"彩色范围-个性色5"~"彩色范围一个性色6"选项，选择"SmartArt样式"→"三维"→"鸟瞰场景"选项，即可美化本组图片。之后在图形中对应的位置输入文字"时光不老我们不散"。此时就完成了幻灯片3的美化，效果如图13-9所示。

图13-9 幻灯片3美化效果

13.4.3 任务3——设置幻灯片的切换方式

1. 任务描述

设置幻灯片的切换方式。

2. 操作步骤

（1）选中第1张幻灯片，选择"切换"选项卡，在"切换到此幻灯片"分组中单击下拉按钮打开幻灯片切换效果的选择窗口。在"华丽"选项区中选择"涡流"效果，如图13-10所示。

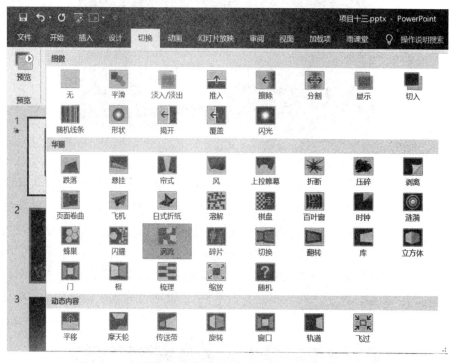

图 13-10 选择幻灯片切换效果

（2）在"切换"选项卡的"计时"分组中可以对幻灯片的切换速度进行设置，在"持续时间"框中可调整幻灯片切换效果持续的时间，如图13-11所示。

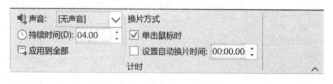

图 13-11 设置幻灯片切换速度

（3）在"计时"分组中，单击"声音"下拉列表中选择"风铃"选项，如图13-12所示。

图 13 - 12　设置幻灯片切换时的声音

（4）同理设置第 2 张幻灯片的切换效果，在"华丽"选项区中选择"百叶窗"效果，在"效果选项"下拉列表中选择"垂直"选项，设置"持续时间"为"4 秒"，设置"声音"为"风铃"。

（5）同理设置第 3 张幻灯片的切换效果，在"华丽"选项区中选择"涟漪"效果，在"效果选项"下拉列表中选择"居中"选项，设置"持续时间"为"4 秒"，设置"声音"为"风铃"。

13.4.4　任务 4——设置幻灯片的动画效果

1. 任务描述

为幻灯片中的对象设置动画效果。

2. 操作步骤

（1）设置第 1 张幻灯片的动画效果。选中之前插入的"图 3.jpg"，选择"动画"选项卡，在其中的"动画"分组中可以进行动画效果的选择。单击下拉按钮显示动画效果选择窗口，在弹出的窗口中选择"进入"选项区中的"形状"选项，在"效果选项"下拉列表中选择"菱形"选项，如图 13 - 13 所示。

（2）选择"动画"选项卡，在其中的"计时"分组中，在"开始"下拉列表中选择"上一动画之后"选项，设置"持续时间"为"2 秒"，如图 13 - 14 所示。

图 13－13　选择动画效果　　　　　图 13－14　设置动画开始方式和速度

（3）同理，设置第1张幻灯片的动画效果。选中之前插入的"图4.jpg"，在"动画"分组中选择"进入"选项区中的"浮入"选项，在"效果选项"下拉列表中选择"上浮"选项，在"计时"分组中，在"开始"下拉列表中选择"与上一动画同时"选项，设置"持续时间"为"2秒"。

（4）同理，设置第2张幻灯片的动画效果。选中之前插入的"图5.jpg"，在"动画"分组中选择"进入"选项区中的"棋盘"选项，在"效果选项"下拉列表中选择"跨越"选项，在"计时"分组中，在"开始"下拉列表中选择"与上一动画之后"选项，设置"持续时间"为"2秒"。

（5）同理，设置第2张幻灯片的动画效果。选中之前插入的"图6.jpg"，在"动画"分组中选择"进入"选项区中的"玩具风车"选项，在"计时"分组中，在"开始"下拉列表中选择"上一动画同时"选项，设置"持续时间"为"2秒"。

（6）同理，设置第3张幻灯片的动画效果。选中之前已设置好的SmartArt图形，在"动画"分组中选择"进入"选项区中的"楔入"选项，在"效果选项"下拉列表中选择"作为一个对象"选项，在"计时"分组中，在"开始"下拉列表中选择"上一动画之后"选项，设置"持续时间"为"2秒"。

13.4.5　任务5——设置排练计时

1. 任务描述

通过设置排练计时，可以让幻灯片按照安排好的时间自动并循环放映。

2. 操作步骤

（1）选择"幻灯片放映"→"排练计时"选项，即可进入幻灯片排练计时状态。第1

张幻灯片开始放映，在屏幕左上角出现一个排练计时器，如图 13 – 15 所示。

图 13 – 15　设置排练计时

（2）从开始排练计时到当前为止所用的总时间显示在排练计时器的右部。此时，单击"暂停"按钮可以暂停计时，再单击一次则恢复计时。另外，单击排练计时器中的"重复"按钮可以重新开始为当前幻灯片排练计时。

（3）当前的幻灯片放映结束后，可以手动进行换片。如需进入下一张幻灯片，可以单击鼠标左键、按 Enter 键或单击排练计时器上的箭头按钮。为下面的幻灯片进行计时后，可以单击排练计时器右上角的"关闭"按钮，停止排练计时。

图 13 – 16　信息提示对话框

（4）停止排练计时后，出现图 13 – 16 所示的信息提示对话框。

（5）在信息提示对话框中单击"否"按钮可以将这些计时时间作废，单击"是"按钮则保留这次排练计时时间，并将每张幻灯片的计时时间都显示在幻灯片浏览视图中相应的幻灯片下方，如图 13 – 17 所示。

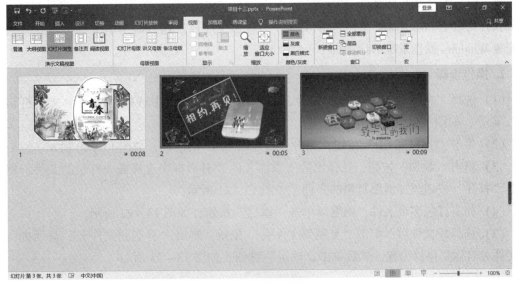

图 13 – 17　设置好的排练计时

（6）选择"幻灯片放映"→"设置放映方式"命令，打开"设置放映方式"对话框。在其中的"推进幻灯片"区域选择"如果存在排练时间，则使用它"单选按钮，然后单击"确定"按钮，即可完成这次排练，如图13–18所示。

图13–18 "设置放映方式"对话框

13.4.6 任务6——打包

1. 任务描述

在日常工作中，经常要将一个演示文稿移动到另一台计算机中，然后将这些演示文稿进行放映，但是如果某些计算机中没有安装PowerPoint 2016，那么将无法放映该演示文稿，所以微软公司赋予PowerPoint 2016一项功能——打包，经过打包后的演示文稿可以在任何一台安装Windows操作系统的计算机中正常放映。

2. 操作步骤

（1）选择"文件"→"导出"命令，在弹出的操作选项中选择"将演示文稿打包成CD"命令，如图13–19所示。

（2）单击"打包成CD"按钮，弹出"打包成CD"对话框，如图13–20所示。

（3）单击"添加"按钮，在弹出的"添加文件"对话框中选择需要打包的文件，然后单击"打开"按钮添加需要打包的文件，如图13–21所示。

（4）如需打包多个文件，则继续单击"添加"按钮，如图13–22所示。

（5）选择好文件后，单击"复制到文件夹"按钮，弹出"复制到文件夹"对话框，设置文件夹名称及存储位置，然后单击"确定"按钮，如图13–23所示。

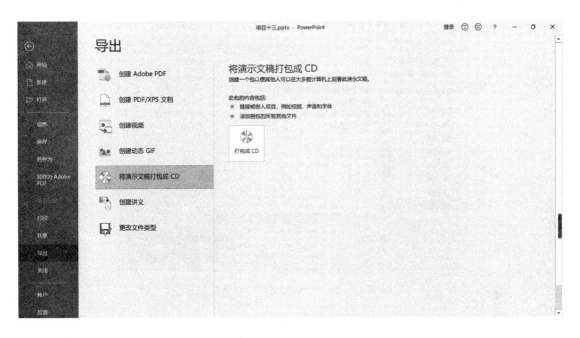

图 13 – 19 "导出"命令

图 13 – 20 "打包成 CD"对话框（1）

（6）操作完毕后，在所选择的位置会产生一个文件夹，里面包含播放 PowerPoint 2016 演示文稿所需的相关文件，如图 13 – 24 所示。复制该文件夹到任何使用 Windows 操作系统的计算机中，将不受是否安装 Office 软件的限制，正常放映演示文稿。

图 13 – 21　　"添加文件"对话框

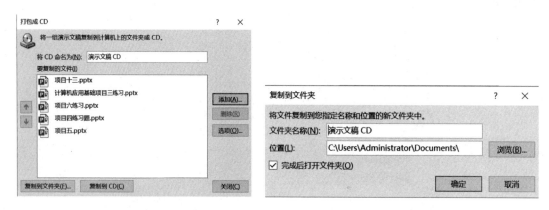

图 13 – 22　　"打包成 CD"对话框（2）　　　　　图 13 – 23　　"复制到文件夹"对话框

名称	修改日期	类型
PresentationPackage	2020/4/26 2:15	文件夹
AUTORUN.INF	2020/4/26 2:15	安装信息
计算机应用基础项目三练习.pptx	2020/4/26 2:15	Microsoft PowerPoi...
项目六练习.pptx	2020/4/26 2:15	Microsoft PowerPoi...
项目十三.pptx	2020/4/26 2:15	Microsoft PowerPoi...
项目四练习题.pptx	2020/4/26 2:15	Microsoft PowerPoi...
项目五.pptx	2020/4/26 2:15	Microsoft PowerPoi...

图 13 – 24　打包后生成的文件

13.5　知 识 拓 展

13.5.1　与人共享幻灯片

选择"文件"→"共享"命令，实现幻灯片的共享操作，如图 13 – 25 所示。

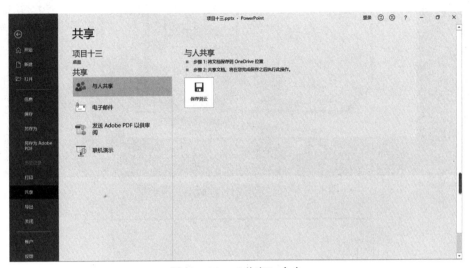

图 13 – 25　"共享"命令

13.5.2　录 制 幻 灯 片 演 示

选择"幻灯片放映"→"录制幻灯片演示"命令，如图 13 – 26 所示，会弹出"录制幻灯片演示"对话框，如图 13 – 27 所示。

图 13 – 26　"录制幻灯片演示"命令

13.6　技 能 训 练

1. 设置 逦 字书写的动画演示

将 逦 字所有的组成部分输入为艺术字，并排列好位置，按照以下步骤设置动画效果（图 13 – 28）：

图 13 – 27 "录制幻灯片演示"对话框

图 13 – 28 动画演示

（1）将"、"的进入效果设置为"飞入"，方向为"自底部"，持续时间为 1 秒。

（2）将"亠"的进入效果设置为"旋转"，方向为"水平"，持续时间为 1 秒。

（3）将"八"的进入效果设置为"放大"，持续时间为 2 秒。

（4）将"言"的进入效果设置为"飞入"，方向为"自底部"，持续时间为 1 秒。

（5）将"幺"的进入效果设置为"旋转"，方向为"水平"，持续时间为 1 秒。

（6）将"长"的进入效果设置为"飞入"，方向分别为"自左侧"和"自右侧"，持续时间为 1 秒。

（7）将"马"的进入效果设置为"劈裂"，方向为由中央向上、下展开，持续时间为 2 秒。

（8）将"心"的进入效果设置为"翻转式由远及近"，持续时间为 2 秒。

（9）将"月"的进入效果设置为"弹跳"，持续时间为 2 秒。

（10）将"刂"的进入效果设置为"随机线条"，方向为"水平"，持续时间为 1 秒。

（11）将"辶"的进入效果设置为"自定义路径"，从屏幕外飞入。

（12）按照口诀"一点飞上天，黄河两头弯，八字大张口，言字朝进走，你一纽，我一纽，你一长，我一长，中间加个马大王，心字底，月字旁，画个杠杠叫马杠，坐个车车到咸阳"录制旁白。

所有动画效果的开始方式均设置为"上一动画之后"。

2. 设置图片 生日快乐 的动态进入

（1）插入图片 生日快乐，并按照图 13－29 所示位置放置。

图 13－29　初始位置

（2）将 生日 的进入效果设置为"弹跳"，持续时间为 2 秒。

（3）将 生日 的自定义路径设置为"豆荚"，持续时间为 3 秒。

（4）将 生日 的强调效果设置为"陀螺旋"，持续时间为 3 秒。

（5）将 快乐 的进入效果设置为"弹跳"，持续时间为 2 秒。

（6）将 快乐 的自定义路径设置为"花生"，持续时间为 3 秒。

（7）将 快乐 的强调效果设置为"跷跷板"，持续时间为 3 秒。

（8）将蛋糕图片的进入效果设置为"下降"，持续时间为 2 秒。

所有动画效果的开始方式均设置为"上一动画之后"。

项目十四

计算机网络基础知识

14.1 项目目标

本项目的主要目标是让读者掌握计算机网络和互联网的基础知识，了解 Internet 的应用和计算机网络技术发展的最新动态。

14.2 项目内容

本项目主要对计算机网络的基本概念、计算机网络的分类、Internet 的基础知识和应用进行讲解，旨在普及计算机网络和 Internet 的基础知识，使读者对计算机技术和通信技术有所认识，为后续的学习打下坚实的基础。

14.3 方案设计

14.3.1 总体设计

本项目从计算机网络的基础知识、计算机网络的分类、Internet 的基础知识和 Internet 的应用 4 个方面对计算机技术和通信技术进行讲解。

14.3.2 任务分解

本项目可分解为如下 4 个任务：

任务 1——计算机网络的基本概念和组成；

任务 2——计算机网络的分类；

任务 3——Internet 的基础知识；

任务 4——Internet 的应用。

14.3.3 知识准备

1. 设置计算机名称和工作组

为网络中的各计算机设置在网络上的名称和工作组，可方便在网络中找到相应的计算机。

2. 设置网络位置

在 Windows 7 中可以为计算机选择网络位置，系统将根据用户选择的网络位置（家庭网络、工作网络和公用网络）自动为计算机设置访问控制和安全级别，从而使计算机不被非法入侵。

3. 设置共享资源和访问共享资源

要将本计算机中的资源（文件夹或打印机）共享给局域网中的其他计算机使用，可设置共享并添加权限级别。局域网中的计算机可以在"网络"窗口看到局域网中所有计算机的名称，单击要访问的计算机即可访问共享的资源。

4. Internet

Internet 是目前世界上最大的计算机网络，它连接了世界上无数的计算机网络与单机，将整个地球"一网打尽"。任何计算机只要加入 Internet，就可以利用各种各样的资源，以及同世界各地的朋友通信和交换信息等。

14.4　方案实现

14.4.1　任务 1——计算机网络的基本概念和组成

1. 任务描述

了解计算机网络的基本概念和组成。

2. 任务展开

1）计算机网络的概念

计算机网络是指将多台地理位置上分散、互相连接，并且具有独立功能的计算机，用通信设备和通信线路相互连接起来，按照统一的网络协议进行通信，以实现信息传输和资源共享的一种计算机系统。

计算机网络系统一般有 3 个主要组成部分。第一部分是若干台主机，这些主机可以向各个用户提供各种网络服务。第二部分是通信子网，通信子网由一些专用的节点交换设备和连接这些节点交换设备的通信链路所组成，通信子网是各主机之间进行通信和数据传输的物质保证。第三部分是网络协议，网络协议用于主机之间或者主机和子网之间的通信，是各主机之间进行数据交换的重要保障。

计算机网络具有 3 个基本特征。第一个特征是互连的计算机之间相互独立。首先，从数据处理能力方面来看，计算机既可以单机工作，也可以联网工作，并且计算机在联网工作时，网内的一台计算机不能强制性地控制另一台计算机；其次，从计算机分布的地理位置来看，计算机是独立的个体，可以"远在天边"，也可以"近在眼前"。第二个特征是联网计算机之间的通信必须遵循共同的网络协议。要保证网络中的计算机能有条不紊地交换数据，必须要求网络中的每台计算机在交换数据的过程中都要遵守事先约定好的通信规则，即网络协议。第三个特征是计算机网络建立的主要目的是实现计算机资源的共享。处于计算机网络中的任何一台计算机，都可以将计算机本身的资源共享给其他处于该网络中的计算机使用，这些被共享的资源可以是硬件，也可以是软件和信息资源等。

2）计算机网络的发展

计算机网络是计算机技术与通信技术紧密结合的产物。计算机技术与通信技术的相互结合主要有两个方面。一方面，通信网络为计算机之间的数据传递和交换提供了必要的手段；另一方面，数字计算技术的发展渗透到通信技术中，又提高了通信网络的各种性能。当然，这两个方面的发展都离不开人们在半导体技术，尤其是超大规模集成电路技术上取得的辉煌成就。随着计算机的广泛应用，计算机网络的影响也越来越大，计算机网络从形成、发展到广泛应用，大致经历了以下几个阶段：

第一阶段（20世纪60年代）：以单个计算机为中心的面向终端的计算机网络。这种计算机网络以批处理信息为主要目的。

第二阶段（20世纪70年代）：以分组交换网为中心的多主机互连的计算机网络。为了克服第一代计算机网络的缺点，提高网络的可靠性和可用性，人们开始研究如何将多台计算机相互连接。计算机互联网络如图14－1所示。这一阶段计算机网络的主要特点是：实现资源多项共享、进行分散控制和分组交换、采用专门的通信控制处理机、采用分层的网络协议。这些特点往往被认为是现代计算机网络的典型特征。

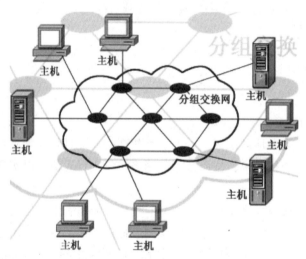

图14－1　计算机互联网络

第三阶段（20世纪80年代）：具有统一的网络体系结构、遵循国际标准化协议的计算机网络。随着计算机网络的普及和应用推广，越来越多的用户都希望将自己的计算机联网。然而要实现不同系列、不同品牌的计算机互连，相互通信的计算机必须高度协调工作，为此国际标准化组织提出了OSI参考模型；同时，工业界也提出了TCP/IP参考模型。

第四阶段（20世纪90年代）：网络互连与高速网络。自OSI参考模型提出后，计算机网络一直沿着标准化的方向发展，而网络标准化的最大体现是Internet的飞速发展。

3）计算机网络的组成

不同的计算机网络在网络规模、网络结构、通信协议和通信系统、计算机硬件及软件配置方面都有很大的差异。无论网络的复杂程度如何，根据网络的定义，从系统组成上来说，一个计算机网络主要分为计算机系统、数据通信系统、网络软件及协议三大部分。从计算机网络的功能来讲，计算机网络主要具有完成网络通信和资源共享两大功能。为了实现这两个功能，计算机网络必须具有数据通信和数据处理两种能力。从这个前提出发，计算机网络可以从逻辑上划分成两个子网：通信子网和资源子网。计算机网络的典型结构如图 14 - 2 所示。

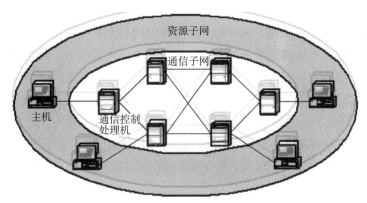

图 14 - 2　计算机网络的典型结构

14.4.2　任务 2——计算机网络的分类

1. 任务描述

了解计算机网络的分类方法，掌握局域网和广域网的基础知识。

2. 任务展开

1）按网络的作用范围分类

根据网络的作用范围和计算机之间互连的距离，可以将计算机网络划分为广域网、局域网和城域网 3 种类型。

局域网（Local Area Network，LAN）是限定在一定范围内的计算机网络。局域网一般限定在 1 ~ 20 km 的范围内，由互联的计算机、打印机、网络连接设备和其他在短距离间共享硬件、软件资源的设备组成。局域网通常是一幢建筑物内、相邻的几幢建筑物之间或者是一个园区内的计算机网络，一般由私人组织拥有和管理，如图 14 - 3 所示。

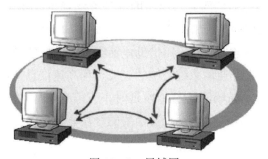

图 14 - 3　局域网

通常在学校机房、家庭、办公室、网吧中布设使用的计算机网络都属于局域网。

城域网（Metropolitan Area Network，MAN）与局域网相比扩展的距离更长，基本上是一种大型的局域网，通常使用与局域网相似的技术。MAN 使用 DQDB（Distributed Queue Dual Bus）协议，即 IEEE 802.6 标准，连接着多个局域网。城域网的范围扩大到大约 50 km。它可能覆盖一组邻近的公司办公室或一个城市，既可能是私有的，也可能是公用的。城域网可以支持数据和声音，并可能涉及当地的有线电视网（CATV）。提供网络接入服务的服务提供商（ISP）所管理的位于一个地区的网络部分属于这种类型。

广域网（Wide Area Network，WAN）也叫远程网（Remote Computer Network，RCN），其覆盖范围通常为数百千米到数千千米，甚至数万千米，可以是一个地区或一个国家，甚至世界几大洲或整个地球，如图 14－4 所示。一个国家或国际间建立的网络都是广域网。在广域网内，用于通信的传输装置与传输介质一般由电信部门或服务提供商提供。最常见的广域网就是国际互联网 Internet。Internet 是当前世界上规模最大的广域网，已经覆盖了包括我国在内的 180 多个国家和地区，连接了数万个网络，终端用户已达数千万，并且以每月 15% 的速度增长。此外，很多企业、院校、研究机构和军事机构也建立了为各自特殊需求服务的广域网。

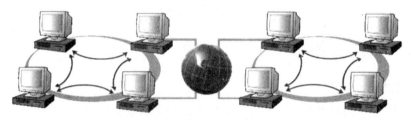

图 14－4　广域网

局域网与广域网的比较如下：

（1）作用范围的比较。局域网的网络分布通常在一座办公大楼或集中的楼群内，为一个单位或一个部门所有，其覆盖范围一般只有几百米到几千米；广域网的网络分布通常是一个地区、一个国家乃至全球，覆盖范围从几十千米到几十万千米。

（2）通信介质的比较。局域网通信所选用的通信介质通常是专用的同轴电缆、双绞线、光纤等专用线缆，若使用无线介质，通常选用红外线；广域网通信所选用的通信介质通常是公用线路，如电话线、光纤等，若使用无线介质，通常选用微波。

（3）通信方式的比较。局域网通信使用的通信介质通常是用来对数字信号直接进行传输的专用线路，所以局域网通信通常采用数字通信方式；广域网通信通常利用公用线路，如公用电话线等，所以广域网通信通常采用借助电话线传输的模拟通信方式、借助卫星进行通信的微波通信方式和借助光纤通信系统实施的光波远程高速信息通信方式。

（4）通信管理的比较。局域网信息传输延时小、信息响应快，所以局域网的通信管理相对简单；广域网信息传输延时大，远程通信要配置功能较强的计算机、各种通信软件和通信设备，通信管理复杂。

（5）通信效率的比较。局域网信息传输效率高、误码率低，误码率一般为 $10^{-11} \sim 10^{-8}$；

广域网信息传输误码率要比局域网高得多，一般为 $10^{-6} \sim 10^{-4}$。

（6）服务范围的比较。局域网的服务对象是一个或几个拥有网络管理或使用权限的特定用户，它不是一种公用或商用的设施，通常是为某个部门或单位的特殊业务工作的需要而构建的网络，所以它是具有专用性质的专用网络；广域网不仅具有专用服务特性，还具有公用服务特性，所以在数据信息的安全保密性、防止非法用户使用、防止网络犯罪方面，对广域网要求更高。

（7）网络性能的比较。局域网和广域网具有共同的网络功能特性，但从整体上分析，局域网与广域网的侧重点是完全不一样的。局域网侧重信息的处理，而广域网侧重信息的准确无误、安全传输。

（8）投资费用的比较。局域网建设投资少，运行费用低；广域网不仅建设投资大，而且需要高额的运行费用及系统维护费用。

2）按网络的使用范围分类

按网络的使用范围进行划分，可以将计算机网络分为公共网和专用网两种类型。

公共网由电信部门组建，一般由政府电信部门管理和控制，网络内的传输和交换装置可提供（如租用）给任何部门和单位使用。专用网是由某个部门或公司组建，不允许其他部门或单位使用。专用网也可以租用电信部门的传输线路。例如，军队、铁路、电力、银行等系统均有本系统的专用网络。

3）按网络的管理方式分类

按网络的管理方式不同，可以将计算机网络分为对等网和客户机/服务器网络。

对等（Peer to Peer）网通常是由很少几台计算机组成的工作组。对等网采用分散管理的方式，网络中的每台计算机既可作为客户机又可作为服务器来工作，每个用户都管理自己机器上的资源，所有的主机在网络上处于对等的地位。对等网的优点是管理简单，缺点是可管理性差。早期的很多计算机网络采用对等网方式，采用对等网方式可以大大节省管理开销，但随着网络规模的扩大、网络应用的不断发展，对等网已逐步为客户机/服务器网络所替代。

客户机/服务器（Client/Server）网络常称为 C/S 网络，它的管理工作集中在运行特殊网络操作系统与服务器软件的计算机上进行，这台计算机被称为服务器。服务器可以验证用户名和密码的信息，处理客户机的请求，为客户机执行数据处理任务和信息服务。网络中其余的计算机则不需要进行管理，而是将请求发送给服务器。客户机/服务器网络的模式大大提高了计算机网络的可管理性，为计算机网络提供了更有效和更丰富的应用途径，但由于服务器需要更高性能的硬件，专用的软件和专业的配置、维护人员，因此增加了管理开销。人们现在使用的网络服务大都基于 C/S 模式，比如 WWW 服务、电子邮件服务、文件服务、流媒体服务、打印服务等。

4）按数据传输方式分类

按数据传输方式的不同，可以将计算机网络分为点对点网络和广播网络。

点对点网络（Point to Point Network）中的计算机或设备通过单独的链路进行数据传输，并且两个节点间可能存在多条单独的链路，如图14-5所示。点对点网络是连接网络最自然的想法，任何两个通信节点都由一条或者多条链路相连，任意节点间通信时，都能找到一条甚至多条物理线路，并且能独占通信线路，因此采用点对点的方式能够获得高速率、高可靠性和稳定的延迟。

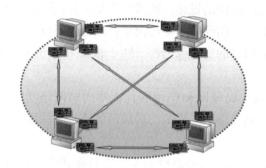

图14-5　点对点网络

广播网络（Broadcasting Network）中的计算机或设备通过一条共享的通信介质进行数据传输，所有节点都会收到其他任何节点发出的数据信息。这种传输方式主要应用于局域网，广播网络中有3种常见的传输类型：单播、广播与组播。

14.4.3　任务3——Internet 的基础知识

1. 任务描述

Internet 也叫互联网或网际网。本任务主要介绍 Internet 的定义、组成和发展。

2. 任务展开

1）Internet 的概念

Internet 是利用各种通信设备和线路将处于全世界不同地理位置、功能相对独立的数以千万计的计算机网络互连起来，以功能完善的网络软件（网络通信协议、网络操作系统等）实现网络资源共享和信息交换的数据通信网。从结构的角度看，Internet 是一个使用路由器将分布在世界各地的、数以千万计的规模不一的计算机网络互连起来的大型网际网。从使用者的角度看，Internet 是由大量计算机连接在一个巨大的通信系统平台上所形成的一个全球范围的信息资源网。

2）Internet 的组成部分

Internet 主要由通信线路、路由器、主机和信息资源组成。（1）通信线路是 Internet 的基础设施，它将 Internet 中的路由器与主机连接起来。（2）路由器是 Internet 中最重要的设备之一，它将 Internet 中的各个局域网或广域网连接起来。（3）主机是 Internet 中不可缺少的成员，它是信息资源与服务的载体。（4）信息资源是用户最关心的，它影响到 Internet 受欢迎的程度。

3）Internet 的发展

Internet 的发展经历了研究网、运行网和商业网3个阶段。现在的 Internet 已经是整个世界信息交流不可缺少的重要途径，它从不同方面逐渐改变人们的生活方式和工作方式。

Internet 在我国的发展比较晚，直到1987年中国科学院高能物理研究所才开始通过国际网络线路接入 Internet。1994 年，随着"巴黎统筹委员会"的解散，美国政府取消了对中国政府进入 Internet 的限制，我国的互联网建设全面展开，到 1997 年年底，我国先后建成了四大骨干网络——中国公用计算机互联网、中国科学技术网、中国教育和科研计算机网、国家公用经济信息通信网，并与 Internet 建立了各种连接。

（1）中国公用计算机互联网（CHINANET）。中国公用计算机互联网（简称"中国互联网"），是 1995 年 11 月邮电部委托美国信亚有限公司和中讯亚信公司承建的国家级网络，并于 1996 年 6 月在全国正式开通。中国邮电部数据通信局是 CHINANET 的直接经营管理者。CHINANET 是基于 Internet 网络技术的中国公用 Internet，是中国具有经营权的 Internet 国际信息出口的互联单位，也是中国互联网信息中心（CNNIC）最重要的成员之一。CHINANET 是面向社会公开开放的、服务于社会公众的大规模的网络基础设施和信息资源的集合，它的基本建设就是要保证可靠的内联外通，即保证大范围的国内用户之间的高质量互通，进而保证国内用户与国际 Internet 的高质量互通。

（2）中国科学技术网（CSTNET）。中国科学技术网是在中关村地区教育与科研示范网（NCFC）和中国科学院网（CASnet）的基础上建设和发展起来的覆盖全国范围的大型计算机网络，是我国最早建设并获得国家正式承认、具有国际出口的中国四大互联网络之一。中国科学技术网的服务主要包括网络通信服务、信息资源服务、超级计算服务和域名注册服务。中国科学技术网拥有科学数据库、科技成果、科技管理、技术资料和文献情报等特有的科技信息资源，向国内外用户提供各种科技信息服务。中国科学技术网的网络中心还受国务院的委托，管理 CNNIC，负责提供中国顶级域名"CN"的注册服务。

（3）中国教育和科研计算机网（CERNET）。中国教育和科研计算机网是中国第一个覆盖全国的、由国内科技人员自行设计和建设的国家级大型计算机网络。该网络由教育部主管，由清华大学、北京大学、上海交通大学、西安交通大学、东南大学、华中理工大学、华南理工大学、北京邮电大学、东北大学和电子科技大学等 10 所高校承担建设，于 1995 年 11 月建成。全国网络中心设在清华大学，8 个地区网点分别设立在北京、上海、南京、西安、广州、武汉、成都和沈阳。CERNET 是为教育、科研和国际学术交流服务的非营利性网络。

（4）国家公用经济信息通信网（CHINAGBN）。国家公用经济信息通信网以光纤、卫星、微波、无线移动等多种传播方式，形成天、地一体的网络结构，它和传统的数据网、语音网和图像网相结合并与 Internet 相连。根据计划，国家公用经济信息通信网将建立一个覆盖全国，与国内其他专用网络相连接，并与 30 多个省、自治区、直辖市，500 个中心城市，12 000 个大型企业，100 个重要企业集团相连接的网络。

14.4.4　任务 4——Internet 的应用

1. 任务描述

当今社会是一个信息爆炸的社会，各种信息不仅给人们的生产发展、工作效率和生活质量的提高带来了动力，也给人们带来了创业发展的新机遇。因此，如何获得信息并充分利用是当今人们最关心的问题。Internet 之所以能受到世界各国政府和人们的普遍关注与欢迎，入网的用户数能以每月递增 10%～15% 的速率发展，最关键的还在于 Internet 所提供的信息和服务能满足当今人们快节奏的生活和工作中的实际需求。目前，Internet 能为人们提供的主要功能有六大类，下面详细介绍。

2. 任务展开

1）WWW 服务

WWW 服务是 World Wide Web 服务的简称，即万维网服务，它是由分布于全球的 Internet 计算机上的"网页"文件链接而成的信息联合体，这个信息联合体中的每一个网页都可以是由文本、图形、声音、动画、影像等组成的"超级链接文本"，并按标准的 HTTP 和 HTML 构成。可将其理解为"网页"或"超文本"网络。超链接又称链接，理论上讲，它是由一个表现信息和一个链接地址组成的。表现信息显示在网页上，可以是文字或图形。当对表现信息进行某种操作时，链接地址引导访问另一个网页或另一个网站。支持网页存储与访问的计算机称为"Web 网站"。通常一个网页保存于一台或多台网站计算机中，用户只需要打开 WWW 的客户程序，在计算机上选择感兴趣的内容，客户程序就会向该内容所在的 Web 网站的服务器发出请求，服务器即将所查询到的内容传到用户计算机上供用户阅读。WWW 是 Internet 上最重要的应用系统，它可以提供世界各地最新、最快、最全的信息，用户可以使用网络方便地查阅、检索、汇总多种信息。

2）电子邮件

通常，人们与异国他乡的亲人或友人通信联系，或者企业间进行业务联系，往往都依赖于信件、电报、电话、传真等通信手段。然而，这些通信手段或多或少地受到时空条件的限制，难以适应人们快节奏的需求。如今，人们可以用电子邮件达到快速传递信息的目的。用户只要利用自己的计算机连接 Internet 的本地网络，通过电子邮件就可以与世界各地的友人相互交流，或与异地的企业进行业务往来，遥远的地理距离缩短为几分钟的电子路程。

3）数据检索

Internet 包罗的信息非常丰富，涉及人们生活、工作和学习等各个方面的信息应有尽有，且还有相当一部分大型数据库是免费的。用户既可在 Internet 中查找最新的科学文献和资料，也可在 Internet 中获得休闲、娱乐和家庭技艺等方面的最新动态，还可在 Internet 中找到大量免费的软件。

4）电子公告板

在 Internet 中有数以万计的电子公告板，专门用来发布涉及科学研究、艺术欣赏、文学创作、社会评论、哲学等各种内容的专题，以吸引同行和对此专题感兴趣的人参加讨论、交流。对电子公告板上的某一个专题感兴趣的用户，可以利用自己的计算机，经与 Internet 的本地网络连接后，通过电子邮件进入论坛，像参加讨论会一样发表自己的见解，参加交流、讨论。

5）远程登录

远程登录也称"远程连接计算机"。用户通过 Internet 可以实时地使用远地某台大型计算机内的资源。目前，在 Internet 上有约 3 000 个最常用的信息检索工具。用户一旦连接成功，就可运用这些检索工具寻找所需的计算机资源，这大大便于开展国际间的合作研究。

6）商业应用

目前，世界经济正趋向于一体化、区域化和跨国经营，而信息技术与远程通信技术又进行了结合，成为连接世界经济贸易的重要纽带和基础，它使各国的经济贸易可以完全摆脱时空、语言、文化的束缚，实现全球化的协作。Internet 所能提供的各种信息和便利，犹如给商业发展注入了一针兴奋剂，人们看好 Internet 的商业潜力，致使近年来 Internet 的商业用户量猛增。在 Internet 上，相继出现了 Internet 接驳服务业、软件服务业、咨询服务业、广告服务业、电子出版业、电子零售业等。其中，最具吸引力的是电子零售业，也称"电子市场"。1994 年 4 月，硅谷约 20 家大公司建立名为"商业网"（Commerce Net）的电子市场。它将Internet 作为一种新的贸易媒介，帮助顾客在电子市场中以最快的速度、最有利的价位和条件购买到所需的产品。

14.5　知识拓展

Internet 上有成千上万台主机，需要用人们普遍接受的方法识别每台计算机和用户。如同每个人都有自己的居住地址一样，Internet 上的计算机也通过唯一性的网络地址来标识自己。Internet 上的网络地址有两种形式：IP 地址和域名。为了在网络环境下实现计算机之间的通信，网络中的任何一台计算机必须有一个地址，而且同一个网络中的地址不允许重复。一般情况下在网络上任何两台计算机之间进行数据传输时，所传输的数据开头必须包括某些附加信息，这些附加信息中最重要的是发送数据的计算机地址和接收数据的计算机地址。IP地址是 Internet 上为每一台计算机分配的由 32 位二进制数组成的唯一标识符。IP 地址就是每台计算机在网络中的地址，有了这个地址其他计算机才能与其进行通信。IP 地址是给每个接入网络的计算机分配的网络地址，这个地址在公网上是唯一的，在单位内部的网络中也必须是唯一的，否则会出现地址冲突的现象。目前 IP 地址使用的是 32 位的 IPv4 地址，它是32 位的无符号二进制数，分为 4 个字节，以"×.×.×.×"表示，每组×为 8 位，对应的十进制取值为 0～255。IP 地址由网络地址和主机地址两部分组成，如图 14－6 所示。其中，网络地址用来标识一个物理网络，主机地址用来标识物理网络中的一台主机。

图 14－6　IP 地址结构

IP 地址理论上可以支持 2^{32} 台计算机，也就是约 40 亿台计算机。为了更好地对这些 IP地址进行管理，同时适应不同的网络需求，根据 IP 地址的网络地址所占的位数不同，互联网地址授权委员会（IANA）将 IP 地址分为图 14－7 所示的几类。

A 类 IP 地址中的第 1 个 8 位组表示网络地址，其余 3 个 8 位组表示主机地址。A 类地址使每个网络拥有的主机非常多。A 类地址的第 1 个 8 位组的第 1 位总是被置 0，这也就限制了 A 类地址的第 1 个 8 位组的值始终小于 127。B 类 IP 地址中的前两个 8 位组表示网络地

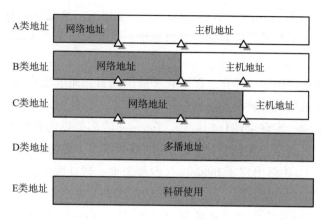

图 14 – 7 IP 地址分类

址，后两个 8 位组表示主机地址。同时 B 类地址的第 1 个 8 位组的前两位总是被置为 10，所以 B 类地址的第 1 段的范围为 128～191。C 类 IP 地址中的前 3 个 8 位组表示网络地址，后 1 个 8 位组表示主机地址。同时 C 类地址的第 1 个 8 位组的前 3 位总是被置为 110，所以 C 类地址第 1 段的范围为 192～223。D 类地址用于 IP 网络中的组播，它不像 A、B、C 类地址有网络地址和主机地址，同时 D 类地址的第 1 个 8 位组的前 4 位总是被置为 1110，所以 D 类地址的第 1 段范围为 224～239。E 类地址被留作科研实验使用，其第 1 个 8 位组的前 4 位为 1111，所以 D 类地址的第 1 段的范围为 240～255。各类 IP 地址的网络地址与主机地址的关系如图 14 – 8 所示。

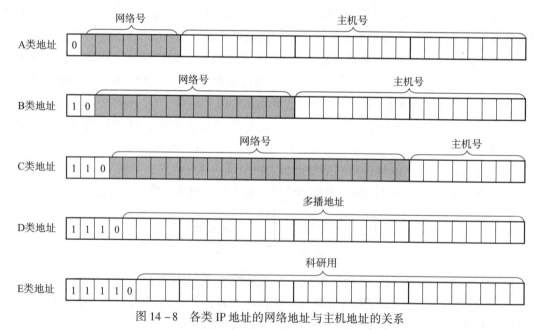

图 14 – 8 各类 IP 地址的网络地址与主机地址的关系

可以看出，A 类地址的结构使每个网络拥有的主机非常多，而 C 类地址拥有的网络很多，每个网络所拥有的主机却很少。这说明 A 类地址多被大型网络所使用，而 C 类地址支持的是大量的小型网络。

在 Internet 中为了屏蔽不同物理地址的差异，在网络互联层使用了 32 位的 IP 地址来标识主机，但这种数字型地址难记忆。为了向用户提供直观的主机标识符，TCP/IP 专门设计了一种层次型名字管理机制，称为域名系统（DNS）。

域名的结构是由若干分量组成的，各分量之间用点"."隔开：….三级域名.二级域名.顶级域名。顶级域名采用了两种划分模式：组织模式和地理模式。组织模式是按组织管理的层次结构划分所产生的组织型域名，原来是由 3 个字母组成的，如 EDU、COM 等，1997 年又新增加了 7 个顶级域名（FIRM、STORE 等）；而地理模式则是按国别地理区域划分所产生的地理型域名，这类域名是世界各国或地区的名称，并且规定了由两个字母组成，如 AU 代表澳大利亚、CN 代表中国、CA 代表加拿大、HK 代表中国香港地区、TW 代表中国台湾地区。顶级域名的代码及其含义如表 14 - 1 所示。

表 14 - 1　顶级域名的代码及其含义

顶级域名代码	含　义
COM	商业组织
EDU	教育机构
GOV	政府部门
MIL	军事部门
NET	网络支持中心
ORG	其他组织
ARPA	临时 ARPA（未用）
INT	国际组织
< Country Code >	国家代码
1997 年新增加的顶级域名	
FIRM	商业公司
STORE	商业销售企业
WEB	与 WWW 相关的单位
ARTS	文化和娱乐单位
REC	消遣和娱乐单位
INFO	提供信息服务的单位
NOM	个人

除了顶级域名，各个国家和地区有权决定如何进一步划分自己的子域名。绝大部分国家和地区都按组织模式再进行划分。我国登记了顶级域名"CN"后，根据我国的实际情况规定了二级域名，我国的二级域名及其含义如表 14 - 2 所示。从表 14 - 2 可以看出，我国的二级域名采用了两种方式：按功能团体命名，如 COM、EDU 等；按行政区域命名，如 JS、BJ、ZJ 等。通过二级域名可以判定主机所在的省份或地区或所在单位的类型。主机域名的三级域名一般代表主机所在的域或组织，如"PKU"表示北京大学。主机域名的四级域名一般

表示主机所在单位的下一级单位，其命名方法由各单位规定。从理论上讲，域名可以无限细化，但通常主机域名不超过五级。

表 14 – 2   我国的二级域名及其含义

域名代码	含　义
COM	商业组织
EDU	教育机构
GOV	政府部门
OR	民间组织
AC	大学、研究所等学术机构
JS	江苏省
BJ	北京地区
……	……

域名与计算机并不是一一对应的关系，一台计算机可能有多个域名，即一个 IP 地址可以有多个域名。这是由于有些计算机可能提供多种服务，为了方便用户使用，根据提供的不同服务而有多个有特定意义的域名。

14.6　技 能 训 练

（1）将西安思源学院网站（http：//www. xasyu. cn/）设置为 IE 浏览器的首页。

（2）将喜欢的网页或者图片保存到计算机中。

（3）申请一个电子邮箱，并向指定信箱发送一封电子邮件。

（4）查看计算机的 IP 地址。